Agile Transformation

Zu diesem Buch – sowie zu vielen weiteren dpunkt.büchern –
können Sie auch das entsprechende E-Book im PDF-Format
herunterladen. Werden Sie dazu einfach Mitglied bei dpunkt.plus⁺:

www.dpunkt.plus

Bas van Lieshout · Hendrik-Jan van der Waal · Astrid Karsten
Rini van Solingen

Agile Transformation

Organisationen strukturell beschleunigen und beweglicher machen

Aus dem Niederländischen von
Claudia Reitenbach und Miriam Bethien

Bas van Lieshout · *b.vanlieshout@prowareness.nl*
Hendrik-Jan van der Waal · *h.vanderwaal@prowareness.nl*
Astrid Karsten · *a.karsten@prowareness.nl*
Rini van Solingen · *rini@rinivansolingen.nl*

Lektorat: Christa Preisendanz
Übersetzung: Claudia Reitenbach · *claudia.reitenbach@it-agile.de*,
  Miriam Bethien · *m.bethien@mailbox.org*
Copy-Editing: Ursula Zimpfer, Herrenberg
Satz: Birgit Bäuerlein
Herstellung: Stefanie Weidner
Umschlaggestaltung: Helmut Kraus · *www.exclam.de*
Druck und Bindung: mediaprint solutions GmbH, 33100 Paderborn

Bibliografische Information der Deutschen Nationalbibliothek
Die Deutsche Nationalbibliothek verzeichnet diese Publikation in der Deutschen National-
bibliografie; detaillierte bibliografische Daten sind im Internet über *http://dnb.d-nb.de* abrufbar.

ISBN:
Print   978-3-86490-777-7
PDF   978-3-96910-078-3
ePub   978-3-96910-079-0
mobi   978-3-96910-080-6

Translation Copyright für die deutschsprachige Ausgabe © 2021 dpunkt.verlag GmbH
Wieblinger Weg 17 · 69123 Heidelberg

Copyright © 2020 by Bas van Lieshout, Hendrik-Jan van der Waal, Astrid Karsten, Rini van Solingen
Title of the Dutch original: Agile transformeren: Een praktische aanpak voor het structureel
versnellen en wendbaar maken van organisaties, ISBN 978 902442 760 4, Boom uitgevers Amsterdam.
Translation Copyright © 2021 by dpunkt.verlag. All rights reserved.

Hinweis: Dieses Buch wurde auf PEFC-zertifiziertem Papier aus nachhal-
  tiger Waldwirtschaft gedruckt. Der Umwelt zuliebe verzichten
  wir zusätzlich auf die Einschweißfolie.

Schreiben Sie uns: Falls Sie Anregungen, Wünsche und Kommentare
  haben, lassen Sie es uns wissen: *hallo@dpunkt.de*.

Die vorliegende Publikation ist urheberrechtlich geschützt. Alle Rechte vorbehalten. Die Verwen-
dung der Texte und Abbildungen, auch auszugsweise, ist ohne die schriftliche Zustimmung des
Verlags urheberrechtswidrig und daher strafbar. Dies gilt insbesondere für die Vervielfältigung,
Übersetzung oder die Verwendung in elektronischen Systemen.

Es wird darauf hingewiesen, dass die im Buch verwendeten Soft- und Hardware-Bezeichnungen
sowie Markennamen und Produktbezeichnungen der jeweiligen Firmen im Allgemeinen waren-
zeichen-, marken- oder patentrechtlichem Schutz unterliegen.

Alle Angaben und Programme in diesem Buch wurden mit größter Sorgfalt kontrolliert.
Weder Autor noch Verlag noch Übersetzer können jedoch für Schäden haftbar gemacht werden,
die in Zusammenhang mit der Verwendung dieses Buches stehen.

5 4 3 2 1 0

Geleitwort

Anfang 2009 kam ich erstmals mit »Agile« in Kontakt. Damals waren wir auf der Suche nach neuen Marktentwicklungen und daher fragte ich unsere Kunden: »Welche zukünftigen Entwicklungen haben Sie im Auge?« Bei diesen Gesprächen tauchten häufig die Worte »agil« und insbesondere »Scrum« auf. Wir beschlossen, tiefer in die Materie einzutauchen, und organisierten ein Event zu Scrum. Für dieses Event konnten wir Jeff Sutherland überreden, früh morgens (wegen der Zeitverschiebung) per Videokonferenz eine Präsentation zu halten. Es hätte nicht viel gefehlt und er hätte in seinem Schlafanzug dagesessen. Die Veranstaltung über Scrum fand nicht nur bei unseren Kunden großen Anklang, sondern sie gefiel auch uns sehr gut. Eigentlich hatten wir gar nicht verstanden, was agil wirklich bedeutet, obwohl wir damals der Meinung waren, dies zu wissen. Und wie wandelt man eine Organisation strukturell in eine agile um? Um ehrlich zu sein, hatten wir auch davon keinen blassen Schimmer.

Das war aber egal, denn unsere ersten Kunden waren selbst auch Pioniere. Sie waren es gewohnt, Dinge einfach zu tun und dabei zu lernen, was funktioniert und was nicht. In der Regel waren damals nur ein paar wenige Teams oder eine einzelne kleine Abteilung von der Umstellung auf eine agile Arbeitsweise betroffen und die Größenordnung war noch überschaubar. Auf der Grundlage von persönlichem Kontakt, gegenseitigem Vertrauen und einer Portion gesunden Mutes haben wir die ersten »agilen Transformationen« gestartet. Damals konnten wir uns noch damit herausreden, dass die ebenfalls agil waren und daher keinen Plan brauchten. Und es hat auch tatsächlich funktioniert. Wir hatten uns ein Ziel gesetzt und uns sofort an die Arbeit gemacht: Schritt für Schritt in eine Transformation einsteigen und Ergebnisse durch Handeln erzielen. Auf diese Weise haben wir gelernt, wie man Veränderungsprojekte, die kaum geplant werden können oder nie nach Plan verlaufen, strukturiert. In dieser Zeit habe ich auch meinen eigenen Arbeitsprozess »transformiert« und beweglicher gemacht.

Darüber hinaus durfte ich auf der Konferenz »Agile 2011« in Salt Lake City zusammen mit Jeff Sutherland und Rini van Solingen einen Vortrag zu diesem Thema halten. *Scrum in Sales* lautete er. Ich kann mich noch gut daran erinnern, wie stolz ich mich fühlte, als wir dort standen und erzählen konnten, wie man Scrum viel breiter anwenden kann.

Und die Anwendungsmöglichkeiten nehmen noch weiter zu. So umfasste z.B. unsere erste Transformation fünf Teams, aber es ging schnell um Dutzende Teams, und danach kamen auch die großen Unternehmen. Die größte Transformation, die wir aus nächster Nähe (beg)leiten durften, umfasste mehr als tausend Teams. In so einer Situation kommen Sie nicht mehr mit einem Plan auf einem Stück Moderationswandpapier und einigen Post-its aus. Eine solche Transformation benötigt eine gründliche Vorbereitung und einen detaillierten Plan, da enorme Geldbeträge im Spiel sind. Einerseits ist dies logisch und erfordert viel mehr Struktur und Vorbereitung. Andererseits bleibt es paradox, weil sich agile Transformationen schwer vorhersehbar planen lassen.

Das Fehlen eines klar formulierten Transformationsansatzes in unserem Unternehmen führte bei mir und unserem damaligen Geschäftsführer zu jahrelanger Frustration. Immer mehr große Organisationen wollten agil werden. Von Natur aus wollten sie jedoch Vorhersehbarkeit und kein Risiko eingehen. Dies galt natürlich auch für ihre agile Transformation. Darauf konnten wir ihnen aber niemals eine klare Antwort geben. Für eine agile Transformation gibt es nämlich kein festes Rezept, und trotzdem wollten potenzielle Kunden genau das – und zu Recht. Denn wenn sie Tausende von Euro in ein großes und drastisches Veränderungsprojekt investieren, ist es gerechtfertigt, dass sie Antworten auf Fragen erwarten, wie z.B.: Was werden wir wann genau tun? Wen werden wir wann einbinden? Und auf die Schlüsselfrage: Wann ist unsere Transformation fertig?

> *Dieses Buch enthält die Lernerfahrungen jener Dutzenden*
> *bis inzwischen einigen Hunderten Transformationen,*
> *zu denen wir beitragen durften.*
> *Und diese Erfahrung können Sie überall in diesem Buch spüren.*

Ich bin daher sehr glücklich und stolz auf dieses Buch: *Agile Transformation*. Endlich gibt es nun einen funktionierenden Transformationsansatz. Ein Ansatz, der ausreichend Struktur und Vorhersehbarkeit bietet, aber auch dem beweglichen und unvorhersehbaren Charakter solcher Transformationen gerecht wird.

Ein Ansatz, der hauptsächlich durch Handeln entsteht. Dieses Buch enthält die Lernerfahrungen jener Dutzenden bis inzwischen einigen Hunderten Transformationen, zu denen wir beitragen durften. Und diese Erfahrung können Sie überall in diesem Buch spüren. Ich persönlich habe beim Lesen dieses Buches festgestellt, dass ich vor allem Dankbarkeit empfinde. Dankbarkeit für all die Organisationen, die es gewagt haben, durch ihr Handeln mit uns zusammen Pionierarbeit zu leisten. In meinem Kopf habe ich eine Liste von Unternehmen: DBF und Coolblue, wo wir damals die ersten Schritte unternommen haben. Aber auch Tele2, ANWB, Raet, ING, ABN AMRO und KPN gehören dazu. Und noch viele andere Firmen, denen ich nicht gerecht werde, weil ich sie hier nicht nenne. Aber auf meiner Liste stehen weniger diese Unternehmen als vielmehr die einzelnen Personen, mit denen wir in dieser Zeit intensiv zusammengearbeitet haben. Diese Leute saßen während dieser Entdeckungsreise mit uns zusammen im Boot. Und auch in einem Boot auf einem schnell fließenden Fluss mag man keine Wasserfälle. ☺

Was mir an diesem Buch am besten gefällt, ist die Tatsache, dass wir unser Wissen teilen können. Bisher haben wir unsere Erfahrungen hauptsächlich in unseren Schulungen oder in den von uns geleiteten Transformationen weitergegeben. Aber dann erreicht man (nur) Hunderte von Menschen. Ein Buch hat eine viel größere Wirkung und erreicht viele Tausend Menschen, vielleicht sogar Hunderttausende. Besonders dann, wenn es übersetzt wird und in der Welt verbreitet wird. Darüber bin ich sehr glücklich und sehr stolz darauf. Und vor allem macht es mich dankbar, dass wir dieses Wissen mit der Welt teilen können. Es erinnert mich an das Gefühl, das ich selbst hatte, als ich auf der »Agile 2011« meine eigenen Erfahrungen mit Scrum im Vertrieb präsentierte. Und nun arbeite ich in einem Unternehmen, das tatsächlich ein Buch mit einem Ansatz für agile Transformationen herausgebracht hat. Wie cool ist das?

Aber natürlich geht es nicht um mich. Es geht um Bas, Hendrik-Jan, Astrid und Rini, die dieses Buch geschrieben haben. Sie haben es geschafft, all diese Hunderte von Personenjahren an Transformationswissen in etwas zu verpacken, das keine trockene methodische Abhandlung ist, sondern ein Buch, das vor praktischer Erfahrung strotzt. Die praktischen Hinweise, Maßnahmenlisten und Fallstudien aus der Praxis zeigen, dass sie genau wissen, was man tun sollte und was nicht, um eine agile Transformation zum Erfolg zu führen. Ich möchte ihnen zu diesem Ergebnis von Herzen gratulieren und ihnen für ihren Einsatz zur Verwirklichung dieses Buches danken. Und das ist aus meiner Sicht nur der erste Schritt. Denn eigentlich verdient jedes Hauptkapitel für sich ein eigenes Buch, denn dahinter verbirgt sich wieder eine ganze Welt. Es gibt noch so viel hinzuzufügen, zu lernen und zu entdecken – ich hoffe, dieses Buch ist nur das erste einer langen Reihe.

> **Es ist daher entscheidend, mit einem weiten Horizont zu träumen, aber auch mit einem kürzeren Aktionsradius schneller zu handeln.**

Agile Transformation wird Menschen in der Praxis helfen. Nicht nur bei einer agilen Transformation, sondern auch bei allen Veränderungen, die danach noch folgen werden. Es findet eine grundlegende Beschleunigung der Welt statt und wir können nur erahnen, was dies konkret bedeuten wird. Ich weiß aber sehr wohl, dass schnelles Verändern und superschnelles Reagieren entscheidende Merkmale von Organisationen sein werden. Für solche Transformationen bietet dieses Buch eine große Hilfe. Die Kombination aus weitem Blick in die Zukunft und kurzfristigen Ergebnissen ist der Schlüssel zum Erfolg. Das strahlt dieses Buch auf allen Seiten aus. Der Wandel in und von Organisationen wird sich in den kommenden Jahren enorm beschleunigen. Es ist daher entscheidend, mit einem weiten Horizont zu träumen, aber auch mit einem kürzeren Aktionsradius schneller zu handeln.

Für alle diejenigen, die Organisationen in Richtung einer nachhaltigen, widerstandsfähigen, aber auch beweglichen Zukunft verändern, ist dieses Buch eine Pflichtlektüre. Möchten Sie Organisationen aufbauen, die immer auf alles vorbereitet sind? Für die keine einzelne Überraschung zu groß ist? Und in der alle Menschen ständig nach dem nächsten Verbesserungsschritt und der nächsten Verbesserungsmöglichkeit suchen? Dann ist dieses Buch ein absolutes Muss für Sie. Lassen Sie sich von den Beispielen inspirieren, lassen Sie sich von den Arbeitsmethoden leiten und hüten Sie sich vor den vielen Fallstricken.

Ich wünsche Ihnen beim Lesen viel Vergnügen und Inspiration mit *Agile Transformation*!

Denny de Waard,
Managing Director, Prowareness WeOn

Inhaltsverzeichnis

Einleitung 1

    TEIL A – *Warum* agil transformieren? 4
    TEIL B – *Wie* führt man eine agile Transformation durch? 4
    TEIL C – *Was* sollte man verändern und was verankern in einer agilen Transformation? 5

TEIL A – Warum agil transformieren?   7

1   **Es findet eine grundlegende Beschleunigung der Welt statt**   9

    Der Fortschritt macht traditionelle Organisationsstrukturen unhaltbar 9
    Digitalisierung sorgt für Beschleunigung 11
    Beweglichkeit als Lösung für Digitalisierung und Beschleunigung 12

2   **Die Beschleunigung der Welt hat Folgen für jede Organisation**   15

    Geschäftsmodelle verändern sich 15
    Menschen verändern sich 16
    Führung verändert sich 18
    In einer komplexen Welt ist empirisches Arbeiten die einzige Lösung 19

3	**Darum ist eine agile Transformation für jede Organisation unumgänglich**	21

Die ganze Organisation transformieren 21
Verändern kann man lernen 23
Auf eine agile Art transformieren 23
Voraussetzungen für eine agile Transformation 25

TEIL B – Wie führt man eine agile Transformation durch?   29

4	**Agil transformieren in acht Schritten**	31

Stellen Sie das agile Transformationsteam zusammen 32
Arbeiten Sie mit Verbesserungsteams 34
Setzen Sie Coaching ein 35
Machen Sie das Transformationsteam letztendlich überflüssig 35

5	**SCHRITT 1 – Transformationsvision:** **Legen Sie den Umfang fest**	37

Einleitung 37
Warum den Umfang definieren? 39
Wie bestimmt man den Umfang? 40

6	**SCHRITT 2 – Transformationsvision:** **Analysieren Sie die (Ausgangs-)Situation**	49

Einleitung 49
Warum eine Analyse durchführen? 49
Wie geht man eine Analyse an? 54

7	**SCHRITT 3 – Transformationsvision:** **Kommunizieren Sie die Dringlichkeit**	61

Einleitung 61
Warum die Dringlichkeit der Veränderung kommunzieren? 61
Wie kommuniziert man die Dringlichkeit der Veränderung? 62

8	**SCHRITT 4 – Durchführung der Transformation:**	
	Erstellen Sie eine Skizze	69

Einleitung... 69
Warum eine Skizze erstellen?.. 69
Wie erstellt man eine Skizze?... 72

9	**SCHRITT 5 – Durchführung der Transformation:**	
	Legen Sie die Veränderungsstrategie fest	85

Einleitung... 85
Warum eine Veränderungsstrategie festlegen?....................... 85
Wie bestimmt man die Veränderungsstrategie?...................... 86

10	**SCHRITT 6 – Durchführung der Transformation:**	
	Erstellen Sie eine Transformations-Roadmap	97

Einleitung... 97
Warum eine Transformations-Roadmap erstellen? 97
Wie erstellt man die Transformations-Roadmap? 99

11	**SCHRITT 7 – Durchführung der Transformation:**	
	Implementieren Sie in kurzen Iterationen	109

Einleitung... 109
Warum die Transformation iterativ ausführen?...................... 109
Wie führt man die Transformation iterativ durch? 113

12	**SCHRITT 8 – Durchführung der Transformation:**	
	Messen Sie den Fortschritt	119

Einleitung... 119
Warum den Fortschritt der Transformation messen? 119
Wie misst man den Fortschritt der Transformation?............... 120

TEIL C – Was sollte man verändern und was verankern in einer agilen Transformation? 129

13 Allgemein: Verankerung in Struktur und Kultur 131

Einleitung 131
Warum ist die Verankerung in Struktur und Kultur in einer
 agilen Transformation so wichtig? 132
Wie verankert man etwas in Struktur und Kultur? 134

14 Verankerungsthema 1:
Personalentwicklung (HR) 143

Einleitung 143
Warum ist Personalentwicklung in einer agilen Transformation
 so wichtig? 143
Wie stellt man eine gute Personalentwicklung sicher? 145

15 Verankerungsthema 2:
Führung 159

Einleitung 159
Warum ist agile Führung in einer agilen Transformation
 so wichtig? 159
Wie stellt man agile Führung sicher? 161

16 Verankerungsthema 3:
Strategische Steuerung 173

Einleitung 173
Warum ist eine agile strategische Steuerung für eine
 agile Transformation so wichtig? 174
Wie stellen Sie eine agile strategische Steuerung sicher? 177

17 Verankerungsthema 4:
Messen und Abstimmen 185

Einleitung 185
Warum ist das Verankern von Messen und Abstimmen
 so wichtig? 185
Wie verankert man die richtige Ausrichtung in einer
 beweglichen Organisation? 187

18	**Verankerungsthema 5:**	
	Finanzen	193

    Einleitung 193
    Warum ist die Verankerung von Agilität im Finanzbereich
        so wichtig? 193
    Wie verankern Sie Agilität im Finanzbereich? 195

19	**Verankerungsthema 6:**	
	Compliance	203

    Einleitung 203
    Warum ist die Verankerung von Compliance so wichtig
        in einer agilen Transformation? 203
    Wie verankert man Agilität in den Compliance-Prozessen? 206

20	**Verankerungsthema 7:**	
	Technologie	209

    Einleitung 209
    Warum ist Technologie in einer agilen Transformation wichtig? 209
    Wie stellen Sie sicher, dass Technologie die Geschwindigkeit
        und Flexibilität Ihrer Organisation erhöht? 210

ANHANG 217

Nachwort und Dank 219

    Stehen Sie einmal mehr auf, als Sie hinfallen 220
    (Muskel-)Schmerzen gehören dazu, denn diese bedeuten
        Fortschritt 220
    Lassen Sie sich nicht von anderen aufhalten 221
    Halten Sie den Rhythmus diszipliniert durch, denn er bildet
        die Grundlage 221
    Danken Sie allen, die Sie dabei unterstützen, denn Sie tun es
        nicht allein 222

Über die Autor*innen 225

Über die Übersetzerinnen 227

Index 229

Einleitung

In diesem Buch geht es um das Transformieren von Organisationen. Genauer gesagt um die Umwandlung in eine agile Organisation. Und dabei geht es nicht um die Theorie zu dieser Art von Transformationen, sondern um die echte Praxis. Denn das ist es, was Sie in diesem Buch zu sehen bekommen. Agile Organisationen wissen, wie sie sich kontinuierlich in einer für den Moment optimalen Weise organisieren können. Sie können schnell auf Veränderungen des Marktes oder in der Gesellschaft reagieren.

Der Titel dieses Buches – *Agile Transformation* – könnte den Eindruck erwecken, dass es in erster Linie ein Buch über »Agilität« ist. Aber das ist es nicht. Vielmehr geht es in diesem Buch mehr um das Transformieren als um Agilität. Agilität ist nicht mehr (und nicht weniger) als eine Lösung, die in vielen Organisationen zu funktionieren scheint, um die notwendige Flexibilität und Geschwindigkeit zu gewährleisten. Dann ist es auch ganz logisch, dass viele Organisationen sich dafür entscheiden, agile Arbeit strukturell und ganzheitlich umzusetzen. Ehe man sich versieht, ist agiles Arbeiten zum Ziel geworden. Das ist aber nicht der Sinn davon, denn Agilität ist kein Selbstzweck, sondern nur ein Werkzeug, um Kunden besser zu helfen, mehr Wert zu liefern, bessere Produkte herzustellen, billigere Dienstleistungen anzubieten und so weiter. Um das schneller und flexibler tun zu können, ist eine Transformation erforderlich.

Wir (die Autoren) durften oft diese Art von Transformationen leiten und begleiten. Das erste Mal war es erschreckend. Was kommt auf uns zu? Wann macht man es richtig? Was kann man tun, wenn man es selbst auch nicht weiß? Dies sind alles Fragen, die wir uns gestellt hatten und die vor allem durch bloßes Anpacken beantwortet wurden. Aber ständig tauchten neue Fragen auf und andere Fragen kamen immer wieder hoch. Manchmal mit den gleichen Antworten, aber manchmal mit völlig unterschiedlichen. In der Zwischenzeit konnten wir Hunderten von Unternehmen bei ihren agilen Transformationen helfen. In den meisten Fällen erfolgreich, manchmal aber auch mit einem schlechteren Ergebnis als erhofft. Unsere Arbeit war regelmäßig strukturell und nachhaltig und gelegentlich nur flüchtig und vorübergehend. Meistens waren wir mit viel Freude, manchmal aber auch mit Kummer dabei. Auf jeden Fall haben wir und die Unternehmen, die sich auf die Reise begeben haben, immer aus jeder Transformation gelernt. Diese Erfahrungen und die immer wiederkehrenden Fragen zur Transformation bilden die Grundlage dieses Buches.

Das Ziel dieses Buches ist es, allen, die in der Praxis vor einer agilen Transformation stehen, so gut wie möglich zu helfen – vergleichbar mit einer Art Reiseführer für den Urlaub, der Tipps und Ratschläge gibt. Wenn Sie nicht wissen, was Sie tun sollen, blättern Sie ihn durch und finden Ideen und mögliche Wege. Aber am Ende entscheiden Sie selbst, was Sie wie und wann tun. Schließlich ist es Ihr Urlaub, Ihre Reise und damit Ihre spezifische Transformation. Es wäre seltsam, wenn andere, die weiter entfernt sind, besser wüssten, was wann zu tun ist. Wir haben jedoch auch gelernt, dass es innerhalb einer Transformation eine Art logische Reihenfolge gibt. Normalerweise ist es ratsam, zuerst das eine zu tun, bevor man mit dem anderen beginnt. Dieses Wissen können Sie sich natürlich selbst erarbeiten, aber es könnte schneller gehen, wenn Sie eine solche Erfahrung von jemand anderem übernehmen. Dasselbe gilt für einen Reiseführer. Sie können im Urlaub auch alles selbst entdecken, aber das braucht mehr Zeit und die haben Sie oft nicht. Daher dieses Buch: ein Reisebegleiter für Ihre Reise während Ihrer agilen Transformation.

Wir haben dieses Buch mit einem Team von erfahrenen Transformationsberatern geschrieben. Erfahrung ist die Quelle des Wissens – nicht die wissenschaftliche Literatur, Blogs oder andere Arten von Fachpublikationen.

Einleitung

Das Ziel dieses Buches ist es, allen, die in der Praxis vor einer agilen Transformation stehen, so gut wie möglich zu helfen – vergleichbar mit einer Art Reiseführer für den Urlaub, der Tipps und Ratschläge gibt.

Diese lesen wir zwar, aber die wichtigste Quelle für dieses Buch ist unsere tägliche Praxis. Was haben wir gesehen und was hat für uns funktioniert? Obwohl jede Transformation anders ist, weil sie unterschiedliche Ziele verfolgt oder weil sie unterschiedliche Menschen oder Kunden betrifft, haben wir bemerkt, wie sich in diesem Prozess ein Ansatz herausgebildet hat. Kein Ansatz im Sinne eines Rezepts, dem man wörtlich und Schritt für Schritt folgen muss, sondern vielmehr ein Ansatz, der wiederkehrende Voraussetzungen, Prinzipien und Lektionen enthält. Es läuft darauf hinaus, dass jede Transformation ihren eigenen spezifischen Ansatz benötigt. Aber Sie können Ihren eigenen Ansatz auf eine mehr oder weniger festgelegte Art und Weise gestalten. Dieses Buch gibt Ihnen die Werkzeuge an die Hand, um Ihr eigenes »Rezept« zu erstellen.

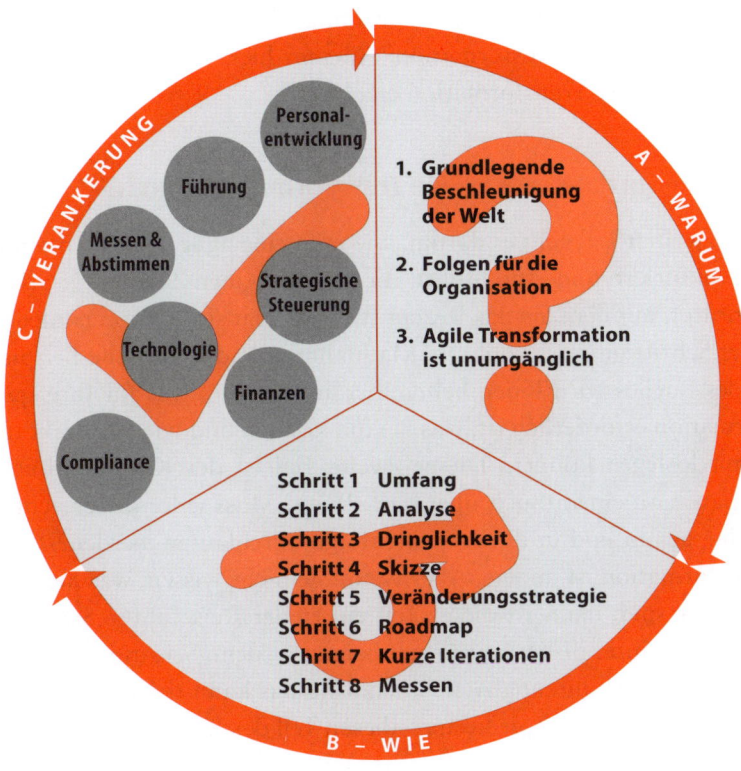

TEIL A – *Warum* agil transformieren?

In diesem ersten Teil geht es um das Warum von agilen Transformationen. Wir geben Beispiele für die Triebkräfte bestehender Organisationen, zeigen aber auch, dass die Umstellung auf Agilität eher eine Notwendigkeit als ein Nutzen ist. Dieser Teil kann Ihnen helfen, eine Koalition für die Transformation in Ihrer Organisation zu bilden. Er enthält die Argumente, um ins Handeln zu kommen; vor allem aber zeigt dieser Abschnitt, dass die Durchführung einer Transformation in jeder Organisation notwendig ist oder sein wird. Schließlich geht etwas Grundlegendes in unserer Gesellschaft vor sich, und das nicht nur vorübergehend. Es kommt von außen und dringt nach innen. Unter dem Einfluss der Digitalisierung findet in der Außenwelt eine Beschleunigung statt, die es für Organisationen entscheidend macht, selbst schneller und beweglicher zu werden. Die Frage ist also nicht, ob Ihre Organisation eine Transformation braucht, sondern wann. Wie schnell wird sich Ihre Organisation verändern und wie rigoros werden Sie diese Veränderung angehen? Darum geht es im ersten Teil dieses Buches. Die Frage nach dem »Warum« in den Mittelpunkt zu rücken, erweist sich in der Praxis als entscheidend, denn nicht die agile Transformation an sich sichert den Erfolg, sondern die Motive und Ziele hinter dieser Transformation. Warum beginnen Sie mit der Transformation? Warum hier, warum wir, warum jetzt? Und wann ist unsere Transformation erfolgreich?

TEIL B – *Wie* führt man eine agile Transformation durch?

In diesem zweiten Teil geht es darum, wie man eine agile Transformation in der Praxis strukturiert und durchführt. Er enthält einen Schritt-für-Schritt-Plan (acht Schritte), mit dem Sie das Rezept für Ihre Transformation entdecken werden. Jeder Schritt umfasst konkrete Maßnahmen und praktische Beispiele. Dieser Teil des Buches wird Ihnen helfen, herauszufinden, was für Ihre spezifische Transformation erforderlich ist, was Sie tun können und wie Sie direkt und konkret damit loslegen können. Dieser zweite Teil ist der Kern des Buches und macht es auch zu einem Buch über das »Wie«. Muss jeder dieser acht Schritte vollständig, genau und in dieser Reihenfolge durchlaufen werden? Nein, denn jede Transformation ist anders. Aber wenn Sie nicht wissen, was Sie tun sollen, oder unsicher sind, dann ist dieser Teil ein treuer Reiseführer. Sie können ihn auch als Spiegel ihrer bisherigen Arbeit benutzen, denn Schritte zu überspringen bedeutet oft, eine Abkürzung zu nehmen. Und das kann riskant sein. Wollen Sie das? Ist es Ihnen bewusst? Sie können diesen Teil des Buches also als Inspiration für die Erstellung eines Plans betrachten. Ihr eigener Plan wird sicherlich von dem von uns skizzierten Schritt-für-Schritt-Plan abweichen – aber dann bitte ganz bewusst.

TEIL C – *Was* sollte man verändern und was verankern in einer agilen Transformation?

In diesem Teil wird die Einbettung einer agilen Transformation erörtert. Wir haben gelernt, dass eine Transformation nur dann wirklich erfolgreich sein wird, wenn sie in der Organisationsstruktur und -kultur richtig verankert ist. Dies bedeutet Veränderungen in Bereichen wie Personalentwicklung (HR), Führung, strategische Steuerung, Messen und Abstimmen, Finanzen, Compliance und Technologie. All dies sind Veränderungs- und Verankerungsthemen, bei denen wir in der Praxis immer wieder auf ähnliche Hindernisse stoßen. Teil B des Buches befasst sich mit dem »Wie« der Transformation, geht aber nicht auf diese spezifischen Verankerungsthemen ein. Daher gibt es diesen dritten Teil, in dem wir für diese Themen aufzeigen, worüber Sie in der Praxis nachdenken können und oft sogar nachdenken müssen.

Wir wünschen Ihnen viel Spaß und Inspiration beim Lesen von *Agile Transformation*. Sie können das Buch von vorne bis hinten lesen, aber auch als Nachschlagewerk verwenden. Benutzen Sie das Buch hauptsächlich, um Tipps und Ideen zu bekommen oder um nachzuschauen, ob Sie etwas übersehen haben. Verwenden Sie es also nicht als einen Schritt-für-Schritt-Plan, den Sie »einfach befolgen müssen«, sondern setzen Sie weiterhin Ihren gesunden Menschenverstand ein. Schauen Sie vor allem immer wieder von außerhalb Ihrer Organisation nach innen und achten Sie darauf, dass nicht der Gedanke in Ihnen aufkommt, Sie wüssten schon alles. Denn wenn wir eines während dieser mehr als hundert Transformationen gelernt haben, dann ist es das, dass jede Transformation anders ist und nie so wie erwartet verläuft!

TEIL A
Warum agil transformieren?

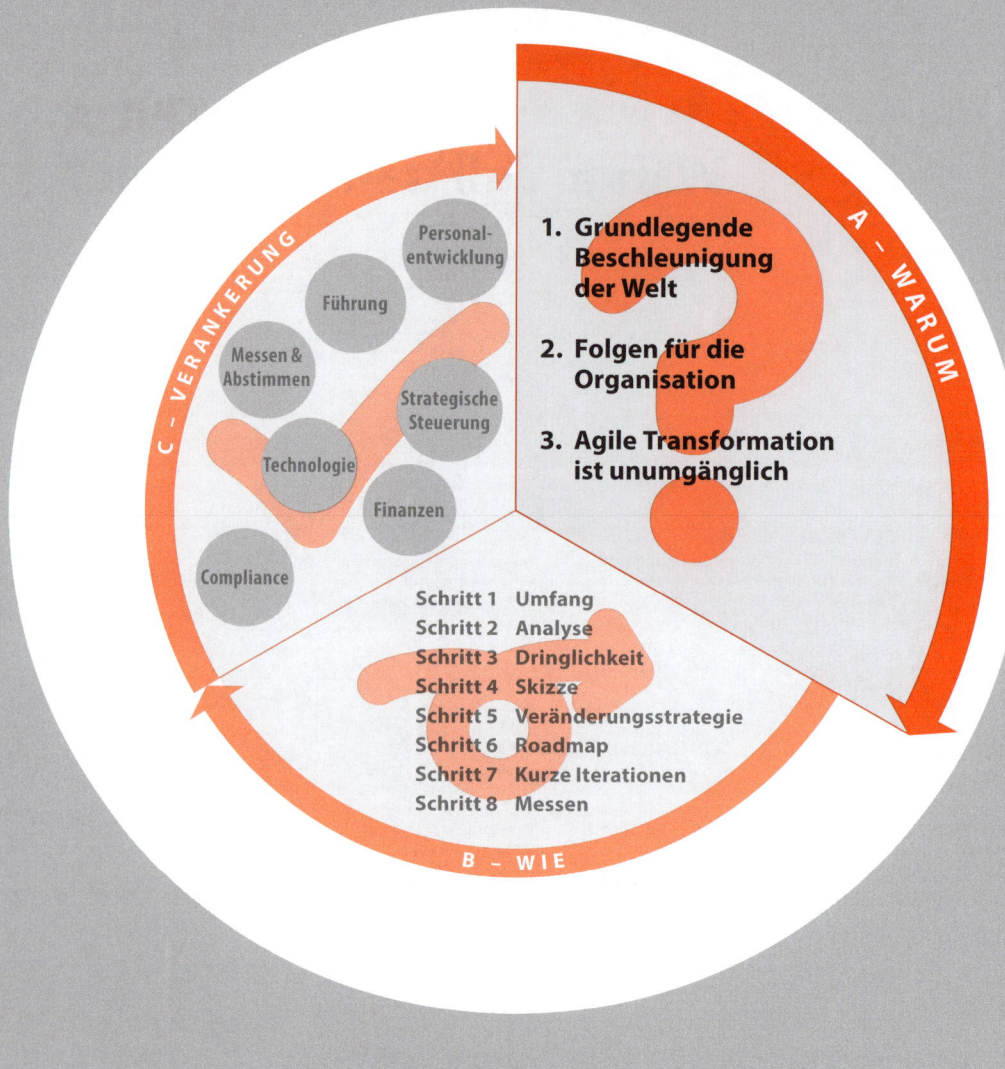

1 Es findet eine grundlegende Beschleunigung der Welt statt

In diesem Kapitel konzentrieren wir uns auf die Hauptursache für die derzeitige Beliebtheit von Agilität. Wir sind überzeugt, dass genau hier der Kern der Sache liegt. Nicht bei der Agilität selbst, sondern bei der zugrunde liegenden Ursache: der weitreichenden Beschleunigung durch Digitalisierung.

Der Fortschritt macht traditionelle Organisationsstrukturen unhaltbar

Schaut man auf die Menschheitsgeschichte, insbesondere seit der industriellen Revolution, erkennt man einen Trend. Technologische Neuentdeckungen haben dazu geführt, dass manuelle Arbeit durch Maschinen ersetzt wurde, was die Geschwindigkeit erhöht und Kosten senkt. In allen Sektoren, Branchen und Ländern sehen wir eine Abfolge von Mechanisierung, Automatisierung, Digitalisierung und (zunehmend) Robotisierung.

Die Folgen davon sind Veränderungen in der Arbeit und der Ausbildung, Verschiebungen in den sozialen Positionen von Bevölkerungsgruppen und die Wiedererlangung eines neuen Gleichgewichts, bei der sich Begeisterung und Widerstand abwechseln. Dies begann schon mit der Erfindung der Dampfmaschine und zieht sich bis ins heutige Zeitalter, in dem eine weitreichende Vernetzung zwischen Menschen, Big Data, Cloud-Technologien und intelligenten, selbstlernenden Systemen Einzug hält.

Durch die zunehmende Beschleunigung ist eine neue Ausgewogenheit im Aufbau von Organisationen notwendig. Dies gilt insbesondere für die Art und Weise, wie die tägliche Entscheidungsfindung stattfindet. Zur Veranschaulichung ist es

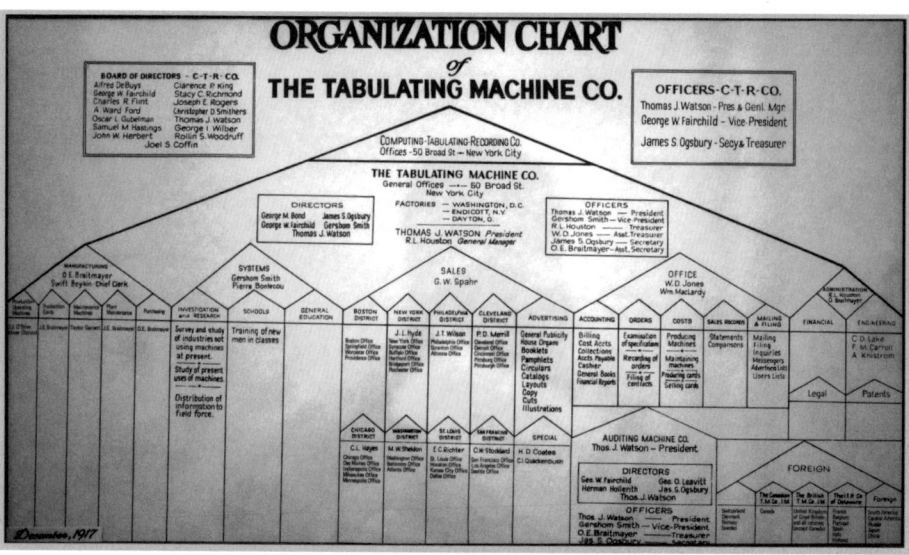

schön, wenn man mal im Internet nach Organisationsdiagrammen sucht, die vor ungefähr 100 Jahren entstanden sind. Das Bild oben ist ein typisches Beispiel dafür.

Die Zeichnung[1] zeigt eine hierarchische Aufteilung der Organisation mit abnehmender Autonomie und Entscheidungsbefugnissen für die Mitarbeiter, die in dieser Hierarchie weiter unten stehen. Je näher man an der eigentlichen Arbeit war, desto weniger durfte man selbst entscheiden. Dagegen ist nichts einzuwenden, solange nur die Geschwindigkeit so niedrig ist, dass diese Hierarchieform hilfreich ist. Ein größeres Problem ist die hier sichtbare Trennung der verschiedenen Fachbereiche. Vor 100 Jahren sorgten jedoch relativ einfache Prozesse dafür, dass solche Organisationen doch funktionierten.

In der heutigen Zeit ist dies nicht mehr der Fall. Unter anderem durch die Digitalisierung ist die Geschwindigkeit in Unternehmen – und vor allem in der Welt um sie herum – so hoch, dass Hierarchien und strikte Trennungen der Fachbereiche ein Hindernis für schnelles Funktionieren darstellen. Das überrascht erst einmal nicht. Wie kann es aber sein, dass viele moderne Unternehmen noch immer so aufgestellt sind wie Fabriken vor mehr als 100 Jahren? Ist der Einfluss

---

1. Quelle: *https://en.wikipedia.org/wiki/Organizational_chart*. Abbildung von Marcin Wichary, verbreitet unter CC BY 2.5-Lizenz.

von Computern, Internet, Smartphones, Cloud und Software so gering, dass Unternehmen immer noch auf die gleiche Art und Weise organisiert werden können wie am Ende des neunzehnten Jahrhunderts?

Das glauben wir nicht. Wir sind davon überzeugt, dass diese traditionelle Entscheidungshierarchie und die Aufteilung in Silos in Organisationen nicht weiter haltbar sind. Um im Tagesgeschäft erfolgreich zu sein, bedarf es einer anderen Art von Entscheidungsfindung als entlang der hierarchischen Linien. Eine intensive Zusammenarbeit ist entscheidend. Es ist besser, das Organisationsmodell durch Selbstorganisation und autonome Entscheidungsfindung zu ersetzen. In vielen Fällen verlagern wir die Entscheidungsfindung in die Teams, weil die Anzahl der Kompetenzen, die zum Erreichen von Ergebnissen erforderlich sind, für eine einzelne Person zu groß ist. Agilität bietet erfolgreiche Denk- und Arbeitsweisen, die Struktur und Vorhersagbarkeit innerhalb autonomer, selbstorganisierter, cross-funktionaler Teams bieten.

Digitalisierung sorgt für Beschleunigung

Der Grund, warum gerade die Digitalisierung für die zunehmende Beschleunigung sorgt, lässt sich anhand einfacher Physik veranschaulichen. Das zweite Newton'sche Gesetz (1687) zeigt, dass Beschleunigung (a) das Ergebnis aus Kraft (F) geteilt durch Masse (m) ist. Oder als Formel: $a=F/m$. Software, Daten, Bits und Bytes haben keine Masse. Wenn somit von weitreichender Digitalisierung die Rede ist, bei der die physische Welt eine viel kleinere Rolle spielt, nimmt die Beschleunigung bei gleichbleibender Kraft drastisch zu. Die gesamte Plattformökonomie basiert auf diesem Prinzip. Angebot und Nachfrage sind digital verknüpft. Da kommt kein Stift, kein Papier, geschweige denn ein Mensch ins Spiel. Geschäftsmodelle dieser Art können sich unglaublich schnell entwickeln und wachsen, da es ihnen an Masse mangelt.

Es gibt immer noch Geräte und Menschen in Organisationen, somit werden sie nie vollkommen frei an Masse sein. Je mehr jedoch digitalisiert wird, desto weniger Masse und desto mehr Beschleunigung tritt auf. Dieser Trend ist nicht aufzuhalten und wird noch lange andauern. Durch die Digitalisierung entsteht eine grundlegende Beschleunigung, die uns zwingt, uns selbst und die Organisationen, in denen wir uns befinden, auf eine komplett andere Art und Weise zu organisieren und zu strukturieren. Diese Veränderung und Beschleunigung finden in der Außenwelt einer Organisation statt.

Die Beschleunigung unserer Gesellschaft ist grundlegend und unumkehrbar. Wir können versuchen, diese zu ignorieren, aber das bedeutet, den Kopf in den Sand zu stecken. In der Zwischenzeit ist der Moment gekommen, in dem Unternehmen unter ihrer eigenen hierarchischen Linienorganisation leiden. Diese scheint heutzutage ungeeignet zu sein für die vielen und schnellen Entscheidungen, die täglich getroffen werden müssen. Selbstorganisation in kleinen, beweglichen Teams ist eine gut funktionierende Lösung für dieses Problem. Und Teams scheinen auch in der Lage zu sein, mithilfe von agilen Werten, Prinzipien und Arbeitsmethoden schnell und beweglich zu werden. Die ursprüngliche Hierarchie dient somit in erster Linie als Struktur und Unterstützung und greift nicht mehr in tägliche und operative Entscheidungen ein; diese liegen bei den Teams, die die Arbeit erledigen und das auch viel besser können, weil sie einen direkten Einblick in das haben, was sinnvoll ist oder nicht.

Beweglichkeit als Lösung für Digitalisierung und Beschleunigung

In der Praxis hat sich der Begriff »agil« zu einem Sammelbegriff mit vielen verschiedenen Bedeutungen für viele verschiedene Menschen entwickelt. Obwohl der Begriff klar durch das Agile Manifest (*www.agilemanifesto.org*) umrissen ist, wird er in der Praxis oft sehr weit gedehnt. Beispielsweise wird die Arbeit mit einem Framework wie Scrum als agil bezeichnet. Ebenso der flexible Umgang mit Anforderungen und Wünschen mithilfe von Moderationswandpapier oder Post-its sowie die Organisation in Squads, Tribes und Chapter wie bei Spotify. Die breite Anwendung der organisatorischen Blaupause des SAFe®-Frameworks wird ebenfalls agil genannt. Auch, dass man sich nicht mehr an bestehende Regeln und Prozesse hält, wird mit diesem Etikett begründet: »Nein, wir halten uns nicht an getroffene Absprachen und Prozesse, denn wir arbeiten ja jetzt agil.« Oder: »Wir haben nicht pünktlich geliefert, was wir abgesprochen hatten, aber nun gut, wir sind nun mal agil.« Sogar Arbeit ad hoc aufzunehmen, nicht zu beenden und ständig die Richtung zu wechseln, wird von manchen als agil bezeichnet.

Kurzum, der Begriff »agil« bedeutet viele verschiedene Dinge für viele verschiedene Menschen. Es ist somit auch nicht überraschend, dass sich bei vielen Unternehmen ein richtiger Widerstand gegen die Einführung von Agilität entwickelt hat.

Die treibende Kraft ist nicht Agilität als »Modeerscheinung«, sondern die zugrunde liegende Digitalisierung und die veränderten Kundenerwartungen.

Manchmal zu Recht, manchmal zu Unrecht. Es wird eine Vielzahl neuer Begriffe, Bezeichnungen und Rollen eingeführt, was zu babylonischer Sprachverwirrung führt. Auch wenn man zwar die grundlegende Veränderung vor Augen hat, entsteht im Alltagswahnsinn oft nichts anderes als alter Wein in neuen Schläuchen. Experten und Berater tauchen auf, wobei oft gilt: Im Land der Blinden ist der Einäugige König. Und all das geschieht unter dem Etikett agil. Dazu kommen noch die Diskussionen über den agilen Ansatz. Welcher ist besser? Scrum, Kanban oder eine eigene Arbeitsweise? Und wenn es unternehmensweit eingeführt werden soll, welches Skalierungsmodell passt dann am besten? LeSS, SAFe®, Spotify, Scrum@scale, oder ist es schlauer, ein eigenes Modell zu entwerfen?

Es ist also nicht alles Gold, was glänzt, wenn es um Agilität geht. Wir stellen deshalb fest: Die treibende Kraft ist nicht Agilität als »Modeerscheinung«, sondern die zugrunde liegende Digitalisierung und die veränderten Kundenerwartungen. Dieser Wandel erfordert eine komplett andere Art und Weise der Organisation. Ob Sie das nun mit Agilität angehen oder es einfach nur agil nennen, ist dabei nicht so relevant. Nicht die Agilität selbst, sondern die zugrunde liegende Beschleunigung von außen erfordert eine grundlegende Umgestaltung von Organisationen – die Kunden verlangen diese Flexibilität und Schnelligkeit.

Diese Beschleunigung ist die treibende Kraft für dieses Buch und bildet die Grundlage für einen transformatorischen Blick auf Organisationen. Was uns betrifft, kann diese Veränderung gerne agile Transformation genannt werden. Wir hoffen jedoch, dass deutlich geworden ist, dass nicht so sehr die Einführung von Agilität die notwendige Veränderung herbeiführen wird. Die wirkliche Veränderung findet dann statt, wenn Organisationen nachhaltig beweglich werden, sodass sie schnell und erfolgreich mit der Digitalisierung und Beschleunigung umgehen können.

Dieses Buch beschäftigt sich vor allem mit der Frage, wie eine solche Transformation selbst erfolgreich ist. Im Kern geht es darum, sich Schritt für Schritt zu verändern: schnell Ergebnisse liefern und durch Handeln lernen – ein diszipliniertes, schrittweises Durchlaufen einer Entdeckungsreise. Bewahren, was gut funktioniert, und es öfter tun. Abschaffen, was nicht funktioniert, und schnell nach etwas suchen, das funktioniert. Diese Art der Transformation basiert auf empirischer Verbesserung und funktioniert gut in komplexen, dynamischen und sich schnell verändernden Umgebungen. Schnell lernen, indem man in kurzen Zyklen tätig wird. Diese Art der Organisationsveränderung nennen wir agile Transformation.

2 Die Beschleunigung der Welt hat Folgen für jede Organisation

Viele Unternehmen befinden sich in einer Identitätskrise. Manchmal sind sie sich dessen bewusst. Das ist dann eine gute Nachricht, denn ein Problem zu erkennen, ist der erste Schritt. Leider sind sich die meisten Unternehmen dessen aber noch nicht bewusst; sie konzentrieren sich hauptsächlich auf die Symptome ihrer Identitätskrise. Es treten Probleme auf, die sie versuchen so zu lösen, wie sie es immer getan haben. Tatsächlich handelt es sich aber um Symptome eines viel tiefer sitzenden Problems.

Übrigens, es läuft auch vieles gut. Viele Unternehmen bleiben auch in turbulenten Zeiten bestehen, wenn auch mit einigen Schwierigkeiten. Dennoch gibt es noch zu wenige Unternehmen, die realisieren, dass sie vor einer Veränderung stehen, wenn sie die zunehmende Veränderungsgeschwindigkeit von Mensch und Gesellschaft nachhaltig überleben wollen.

Geschäftsmodelle verändern sich

Das Wort »Geschäftsmodell« stammt auf den 1950er-Jahren – Geschäftsmodelle, die damals gültig erschienen, sind heute veraltet. Tatsächlich wurden viele Organisationen einst für ein Bedürfnis gegründet, das mittlerweile überholt ist. Weitreichende Digitalisierung und Automatisierung haben genügend Organisationen zusammenbrechen lassen. Die berühmte Geschichte vom Kodaks Untergang, der Konkurs von Intertoys[2] und Kijkshop[3] und zahlreiche andere Beispiele zeigen es: Aufgrund der Unfähigkeit, mit einer sich verändernden Umgebung Schritt zu halten und sich an neue Technologien anzupassen, reichen bestehende Geschäftsmodelle nicht mehr aus.

Die Digitalisierung betrifft mittlerweile alle Bereiche, auch den Einzelhandel, Finanzdienstleistungen und die Telekommunikation. Es ist nur eine Frage der Zeit, bis auch andere Branchen wie das Gesundheitswesen, das Baugewerbe und das Bildungswesen die Auswirkungen der Digitalisierung voll zu spüren bekommen. Dies erfordert eine Unternehmensführung, die die Fähigkeit besitzt, immer schneller reagieren zu können und innovativ zu bleiben.

Menschen verändern sich

Bei den Arbeitnehmern sind zwei große Verschiebungen erkennbar. Zum einen gibt es eine immer größere werdende Gruppe von Mitarbeitern, die nach Sinn in der Arbeit strebt. Vor diesem Hintergrund ist es gar nicht so abwegig, den Mitarbeiter als »Kunden« des Unternehmens zu betrachten. Mitarbeiter wollen einen Beitrag für die Welt leisten, sowohl bei der Arbeit als auch im täglichen Leben. Teilzeitarbeit wird zum Standard, auch für Männer, sodass Betreuungsaufgaben im häuslichen Bereich einfacher zu bewältigen sind. Immer häufiger haben Menschen auch mehrere Jobs. Und neben der »normalen« Arbeit wird auch noch »andere Arbeit« geleistet, angefangen von ehrenamtlicher Arbeit bis zur unentgeltlichen Pflege eines Familienangehörigen. Menschen wollen gut in etwas sein, vielleicht sogar der Beste. Sie wollen sinnvolle Arbeit verrichten und ein hohes Maß an Autonomie haben: Sie wollen die Kontrolle über die Gestaltung der eigenen Arbeit, Homeoffice und flexible Arbeitsmöglichkeiten und vor allem selbst entscheiden, woran sie arbeiten wollen. Dies erfordert eine andere Art der Zusammenarbeit als hierarchische Kontrolle. Viele Untersuchungen zeigen auch, dass Geld ein viel schwächerer Motivator ist, als bisher angenommen wurde.

---

2. Anm. d. Übers.: Intertoys ist eine niederländische Spielwarenkette mit Filialen auch in Deutschland, die 2019 Insolvenz angemeldet hat
 (siehe z. B. *https://www.spielwarenmesse.de/branchennews/detailseite/intertoys-ist-insolvent/*).
3. Anm. d. Übers.: Kijkshop ist eine niederländische Einzelhandelskette, die 2018 Konkurs angemeldet hat (siehe z. B.
 https://www.uni-muenster.de/NiederlandeNet/aktuelles/archiv/2018/januar/0124Kijkshop.html).

Die andere große Verschiebung ist die Diversifizierung der Arbeitnehmer. Die Unterschiede zwischen den Generationen sind groß. Somit arbeiten im Unternehmen Generationen zusammen, die mit Knappheit aufgewachsen sind, bis hin zur jüngsten arbeitenden Generation, die es gewohnt ist, alles auf Abruf verfügbar zu haben. Außerdem kommen wir durch die Internationalisierung auch mit allerlei Kulturen in Kontakt. Neben technisch geschulten Fachkräften aus Osteuropa und Indien kommen immer mehr Wissensarbeiter aus Afrika und Südamerika. Diese Vielfalt ist schön und wünschenswert, weil sie stets bessere und kreativere Lösungen für bestehende komplexe Probleme bietet. Infolgedessen muss auch dem gegenseitigen Verständnis mehr Aufmerksamkeit gewidmet werden. Nicht nur rein sprachlich, sondern auch in Bezug auf Kultur, Geschichte und Verhalten. Diese Tatsache erfordert auch eine komplett andere Art der Zusammenarbeit und der Organisation.

Ein vielgehörter Satz lautet: »Meine Mitarbeiter sind der Veränderung überdrüssig.« Es scheint somit wenig hilfreich, die Mitarbeiter sich immer schneller aneinanderreihenden Reorganisationen auszusetzen. Man sollte seine Mitarbeiter eher dabei unterstützen, für die kontinuierliche Veränderung vorbereitet zu sein.

Das kann erreicht werden, indem man sie dabei unterstützt, die Dinge so weit wie möglich selbst in die Hand zu nehmen, und ihnen die Möglichkeit gibt, einen Beitrag zu sinnvollen Zielen zu leisten.

Es verändert sich also viel in und um Organisationen herum. Und diese Veränderungen folgen immer schneller aufeinander. Die eine Veränderung ist noch nicht abgeschlossen, da steht die nächste schon bereit.

> *Es verändert sich also viel in und um Organisationen herum.*
> *Und diese Veränderungen folgen immer schneller aufeinander.*

Es ist schwierig – wenn nicht gar unmöglich –, Organisationen so zu gestalten, dass sie nachhaltig gegen alle neuen technologischen und gesellschaftlichen Entwicklungen resistent sind.

Führung verändert sich

Die Führungsebene von Organisationen erkennt diesen Paradigmenwechsel an. Die Dringlichkeit, sich auf die Kunden und ihre Erfahrungen zu konzentrieren, ist klar. Jedoch wurde jahrzehntelang die Maximierung des Shareholder-Values angestrebt. Der war schließlich der Eigentümer des Unternehmens. Immer mehr wächst jedoch das Bewusstsein, dass das kein Ziel, sondern eine Folge von guter Unternehmensführung sein sollte. Es erweist sich als wesentlich erfolgreicher, den Kunden und den eigenen Mitarbeiter in den Mittelpunkt zu stellen. Oder wie Peter Drucker es formulierte: »Das einzige Ziel eines Unternehmens ist es, einen Kunden zu schaffen!«

Die *New York Times*[4] veröffentlichte im August 2019, dass sich mehr als 200 Vorstände des Business Roundtable, darunter die Chefs von Apple, Pepsi, Walmart und JP Morgan Chase, einig waren, dass die reine Maximierung des Shareholder-Values unerwünscht und unvernünftig ist. Ihrer Meinung nach müssen Unternehmen für alle Stakeholder, von den Mitarbeitern über die Lieferanten bis hin zu den Kunden, Wert liefern.

Eine kürzlich von Deloitte veröffentlichte Studie[5] mit mehr als zehntausend Führungskräften zeigt, dass weniger als 10 % von ihnen ihre jetzige Organisation als »sehr beweglich« betrachten. Außerdem sind 90 % von ihnen der Meinung, dass »Beweglichkeit und Kooperation« entscheidend sind, um ihre Organisation erfolgreich in die Zukunft zu führen. Dies wird durch Daten von McKinsey & Company[6] bestätigt, die zeigen, dass Organisationen, die Agilität implementieren, finanziell besser abschneiden als Organisationen, die das nicht tun.

Es gibt zwei explizite Veränderungen innerhalb der Führungsmannschaft. Auf der einen Seite ändert sich die Tagesordnung der »Chief Officers« immer häufiger und schneller und es stehen auch immer mehr Punkte auf ihrer Agenda. Die ständigen Veränderungen im Umfeld erhöhen die Komplexität und Unsicherheit, während die Zeit für Entscheidungen abnimmt. Es ist mittlerweile jedem

---

4. *https://www.nytimes.com/2019/08/19/business/business-roundtable-ceos-corporations.html*
5. 2017 Deloitte Global Human Capital Trends report; *https://www2.deloitte.com/content/dam/Deloitte/lu/Documents/human-capital/lu-hc-2017-global-human-capital-trends-gx.pdf*.
6. How to create an agile organization – report McKinsey & Company 2017; *https://www.mckinsey.com/business-functions/organization/our-insights/the-keys-to-organizational-agility*.

klar, dass sich etwas in der Steuerung von Unternehmen ändern wird – und vielleicht auch ändern sollte. Aber was genau? Wann? Und, vor allem, wie? In einer solchen Ungewissheit schaut man in Organisationen dann doch immer zu den Entscheidungsträgern. Von ihnen wird erwartet, dass sie eine Antwort auf diese Fragen haben. Dass sie in der Lage sind, vorauszugehen, den Weg zu zeigen und eine Richtung vorzugeben, sodass jeder wieder genau weiß, was zu tun ist. Aber was ist, wenn Sie das als Führungskraft selbst auch nicht wissen? Was, wenn für Sie die Richtung noch unklar ist? Was können Sie tun, wenn Ihre Umgebung klare Pläne und Sicherheit von Ihnen erwartet, wenn Sie die schlichtweg nicht bieten können?

Auf der anderen Seite bedarf es einer völlig anderen Art von Management. Nicht durch das Festlegen von detaillierten Plänen, Schritten und Prozessen, sondern durch das Setzen von Zielen und Schaffen von Rahmenbedingungen, innerhalb derer die Mitarbeiter selbst nachdenken und gute, kreative Lösungen finden können. Servant Leadership: Dieser Führungsansatz zielt darauf ab, Unterstützung zu bieten, statt die Kontrolle zu behalten. Es geht nicht um das Erstellen von detaillierten Plänen und komplett ausgearbeiteten Strategien, die danach »einfach nur noch« ausgeführt werden müssen. Sondern es wird ein Umfeld geschaffen, in dem Erfolge erzielt werden können. Es wird mit Zielen und Rahmenbedingungen gearbeitet, innerhalb derer die Mitarbeiter und Teams sich selbst organisieren können.

In einer komplexen Welt ist empirisches Arbeiten die einzige Lösung

Wir müssen Lösungen rasch überprüfen, damit die Marktvalidierung schnell durchgeführt werden kann. Weil diese Marktvalidierung auch noch in einem sich schnell verändernden Umfeld stattfindet (Markt, Gesellschaft, Welt), wird deutlich, dass empirisches Arbeiten die einzige Lösung ist. Das heißt, kleine Teile des Plans erstellen, validieren und danach einen neuen Teil des Plans machen.

Es ist nichts Falsches daran, einen Plan zu erstellen. Vorausgesetzt, man akzeptiert prinzipiell, dass es nie nach Plan laufen wird. Und es ist normal, dass man ursprüngliche Pläne kontinuierlich justieren und anpassen muss. Dadurch verschiebt sich die gesamte Steuerungsfunktion. Früher ging es darum, zu überprüfen, ob sich alle an den Plan hielten, heute geht darum, inwieweit das Ziel erreicht und dem Kunden Mehrwert geliefert wurde. Spielt es dann eine Rolle, dass sich dafür der ursprüngliche Plan geändert hat? Das Ergebnis dient als

Steuerung und ist wichtiger als der Plan. Somit ist dies eine ganz andere Art zu denken, zu fühlen und zu handeln.

Zusammenarbeit ist wichtiger als je zuvor, um den Kunden optimal bedienen zu können, und zwar nicht nur mit einigen wenigen Teams, sondern mit einer ganzen Kette an Dienstleistern. Arbeiten in Silos und funktionale Steuerung sind überholt – sie tragen nicht zur cross-funktionalen Erfüllung der Kundenbedürfnisse bei.

In den kommenden Jahren werden sich noch mehr Organisationen mit sich selbst auseinandersetzen müssen. Wer sind wir? Warum sind wir hier? Müssen wir uns verändern, um zu existieren und zu überleben?

> *Jedes Unternehmen wird sich eines Tages mit den Folgen der Digitalisierung, Beschleunigung und den sich stark ändernden Kundenbedürfnissen beschäftigen müssen.*

Und wenn ja, was müssen wir verändern? Das sind grundlegende Fragen. Und in vielen Fällen werden die Antworten zu einer (vorübergehenden) Unsicherheit über die eigene Position führen und der Beginn der Transformation sein.

Das Besondere ist, dass dies bei jeder Organisation der Fall ist oder sein wird. Jedes Unternehmen wird sich eines Tages mit den Folgen der Digitalisierung, Beschleunigung und den sich stark ändernden Kundenbedürfnissen beschäftigen müssen. Dieser Wandel findet draußen statt, in der Gesellschaft, in der Welt. Und irgendwann kommt er von außen in die Organisation herein. Es handelt sich dabei nicht um einen Zwischenfall, vielmehr ist etwas Grundlegenderes im Gange. Sonst würde es vergehen und nur einer begrenzten Anzahl an Organisationen passieren. Die zugrunde liegende Ursache ist eine fundamentale Veränderung (und Beschleunigung) unserer Gesellschaft. Dieser Wandel ist im Gange, wird noch eine Weile andauern und ist dauerhaft. Er ist die Quelle der oben skizzierten Verschiebungen und damit auch die Ursache der meisten agilen Transformationen.

3 Darum ist eine agile Transformation für jede Organisation unumgänglich

Als Folge des gesellschaftlichen Wandels und der Beschleunigung muss sich jede Organisation mit ihrer Struktur auseinandersetzen. Die Art und Weise, wie sich Organisationen geformt haben, basiert in der Regel auf Vorhersagbarkeit, Kontrolle und Spezialisierung. Schnelligkeit und Beweglichkeit stehen dazu im Widerspruch. Jede Organisation wird sicher irgendwann die Notwendigkeit verspüren, einen Wechsel zu vollziehen. Die Fähigkeit, schnell und zielgerichtet auf Veränderungen reagieren zu können, wird zur Standardarbeitsweise. Agile Organisationen unterscheiden sich von traditionellen Unternehmen nicht nur dadurch, dass sie dem Kunden besser, schneller und effektiver Wert liefern, sondern dass sie hierzu auch immer in der Lage sind, weil sie beweglich genug sind, sich selbst zu reorganisieren, wenn die Kundenbedürfnisse es erfordern – wieder und wieder.

Dieser Übergang von einer traditionellen zu einer agilen Organisation ist somit keine Momentaufnahme und funktioniert nur, indem man eine komplette Transformation durchläuft. Also nicht nur Anpassung an das derzeitige Modell, keine Transition zu einem anderen Modell, kein Projekt, sondern eine echte Transformation.

Die ganze Organisation transformieren

Die Frage ist also nicht, *ob* eine agile Transformation auf Sie zukommt. Die Frage ist wann? Das heißt aber nicht, dass jede Organisation zwangsläufig agile Arbeitsweisen einführen wird. Wir meinen damit auch nicht, dass jeder in Zukunft in einem Scrum-Team arbeitet, dass sich jede Organisation in Squads, Chapter oder Tribes aufteilen wird oder dass SAFe® der richtige Weg ist. Das sind nur Methoden, um Schnelligkeit und Beweglichkeit zu erreichen. Was nötig ist, um schnell und beweglich zu werden, kann (und muss) jede Organisation selbst bestimmen. In einer sich schnell verändernden Welt werden sich Organisationen jedoch auf Unsicherheit und Unvorhersehbarkeit einstellen müssen. Diese beiden Unsicherheitsfaktoren lassen sich nicht durch Pläne verhindern, aber sie lassen sich mithilfe von Lernen durch Handeln steuern, d.h. durch kurze Iterationen und schrittweises Entdecken. Cross-funktionale und selbstorganisierte Teams werden dabei eine entscheidende Rolle spielen.

In der Praxis wird hiermit auch leidenschaftlich experimentiert. So wird beispielsweise ein einzelnes Projekt mit Scrum durchgeführt. Oder es wird für eine spezifische, komplexe Frage ein cross-funktionales Team aufgesetzt. Oder ein bestehender Prozess wird mit einem Team visualisiert und Schritt für Schritt optimiert. Jedes Mal, wenn es gut läuft, verbreitet sich agiles Arbeiten ein bisschen mehr. Nur – das ist noch keine agile Transformation, wie wir sie in diesem Buch betrachten.

Von einer agilen Transformation ist erst dann die Rede, wenn eine strukturelle Veränderung in der gesamten Organisation durchgeführt wird, um eine agile Denkweise grundlegend in der Arbeitsweise zu verankern. Bei einer Transformation handelt es sich also um eine Anpassung der Strukturen, Arbeitsweisen, Prozesse, Architekturen und Werkzeuge in allen Schichten einer Organisation, wobei ein neuer Organisationsstandard dauerhaft etabliert wird. Diese Transformation kann sich in großen Organisationen anfangs auf eine einzelne große Geschäftseinheit oder (IT-)Abteilung beschränken, wird aber schlussendlich eine Transformation der Organisation als Ganzes erfordern.

Agile Transformationen sind somit Veränderungsprozesse, die mit Reorganisationen, neuen Karrierewegen, Sozialplänen, Umschulungen etc. einhergehen. Es handelt sich um komplexe Prozesse, die viele Monate bis Jahre dauern und enorm weit reichend und riskant sind. Sie beschränken sich nicht nur auf die rationale Seite der Organisation und der Strukturen, sondern eine Transformation beinhaltet vor allem eine Veränderung der Denkweise, des Verhaltens, der Normen, Werte und Kultur.

Verändern kann man lernen

Die meisten großen Unternehmen haben inzwischen ziemlich viel Erfahrung mit umfangreichen Reorganisationen. Best Practices, Roadmaps und erfahrene Projektleiter, die große Veränderungsprozesse planmäßig und kontrolliert durchführen, stehen zur Verfügung. Zunächst wird eine umfassende Präsentation mit Reorganisationsplänen, Zeitplänen und vielem mehr erstellt.

Bei einer agilen Transformation funktioniert ein geplanter Ansatz jedoch nicht für die gesamte Veränderung. Es gibt so viel Dynamik und Unsicherheiten, dass dieser Plan schnell veraltet ist und deshalb oft und strikt angepasst werden muss. Was sehr wohl funktioniert, ist die Umsetzung der Transformation in kleinen Schritten. Dann werden sowohl kontrollierte als auch flexible Änderungen vorgenommen. Das bedeutet, dass ein Plan in groben Zügen erstellt wird. Die groben Umrisse werden dann in kleine Schritte aufgeteilt, wobei nur die zeitnahen Schritte im Detail ausgearbeitet werden. Aus jedem Schritt ergeben sich dann konkrete Zwischenergebnisse, auf deren Basis der Plan immer wieder angepasst werden kann. Auf diese Weise stellen wir sicher, dass die Interessen aller auch zwischendurch berücksichtigt werden. Das bietet den Vorteil, dass Änderungen bei den Interessen bestehen können und dürfen und diese in die Veränderung einbezogen werden können.

Auf eine agile Art transformieren

Wir haben schon ausgeführt, dass der Wandel zu Beweglichkeit unumgänglich ist und darüber hinaus eine komplexe Aufgabe für Organisationen darstellt. In diesem Buch beschreiben wir daher einen Transformationsansatz, der auf eine agile Art umgesetzt wird. Aber was ist »agiles Transformieren«? Im Grunde genommen bedeutet das, dass die Beweglichkeit, die man in der Organisation sucht, auch für die Transformation selbst gilt.

Die vier Wertepaare aus dem Agilen Manifest (*www.agilemanifesto.org*) gelten somit auch für agiles Transformieren:

1. Zögern Sie nicht, Prozesse, Arbeitsweisen und Hilfsmittel einzusetzen, um die Transformation durchzuführen, aber verlieren Sie nie die Tatsache aus den Augen, dass die wirkliche Veränderung während der Interaktion zwischen Menschen stattfindet.
2. Es ist in Ordnung, Dokumente, Metaplanwände und Post-its vollzuschreiben, aber am Ende müssen Sie es in die Tat umsetzen, um die Ergebnisse schnell zu verbessern.
3. Treffen Sie klare Vereinbarungen zwischen allen Beteiligten (Mitarbeiter, Kunden, Lieferanten, Behörden), aber suchen Sie danach weiterhin die Zusammenarbeit und helfen Sie sich gegenseitig so gut wie möglich.
4. Machen Sie einen Plan, aber zögern Sie nicht, die Pläne zu ändern, wenn es die Situation erfordert.

Agile Transformationen sind so unvorhersehbar und komplex, dass es überhaupt nicht funktioniert, im Voraus einen detaillierten Plan zu erstellen. Das Einzige, was 100%ig sicher ist, ist, dass eine Transformation nie nach Plan verläuft. Aber es ist auch undenkbar, diese auf gut Glück durchzuführen, immerhin ist das Ziel einer agilen Transformation ambitioniert. Ohne einen Plan zu starten und einfach mal zu schauen, wo man rauskommt, ist sicherlich keine Option. Das wäre sogar noch riskanter.

Es scheint unmöglich zu sein, eine agile Transformation systematisch und strukturell durchzuführen, bei der die enorme Dynamik und Veränderlichkeit dennoch berücksichtigt werden. Es stellt sich somit die Frage, wie eine unvorhersehbare, dynamische und stark veränderliche Transformation dennoch kontrolliert und gesteuert durchgeführt werden kann. Die Antwort liegt auf der Hand: indem man eine agile Transformation selbst iterativ durchführt. Schließlich sind agile Transformationen sehr komplex. Wenn Agilität eins bewiesen hat, dann dies, dass komplexe Probleme am besten iterativ angegangen werden. Agil zu transformieren folgt dem Spruch: think big, start small, scale fast. Denken Sie groß über die Vision und die Richtung Ihrer Transformation nach, beginnen Sie mit dem kleinstmöglichen Schritt und rollen Sie – nur bei Erfolg – diesen Schritt so schnell wie möglich in die gesamte Organisation aus.

Konkret bedeutet das, dass sich eine agile Transformation immer in eine deutliche Richtung bewegt, mit messbaren und klaren Zielen, aber dass der Weg dorthin immer wieder auf der Grundlage der zwischenzeitlichen Ergebnisse und Erfahrungen angepasst wird.

Die Antwort liegt auf der Hand: indem man eine agile Transformation selbst iterativ durchführt.

Und das Besondere daran ist, dass diese Art der Transformation vorhersagbar und kontrollierbar ist. Die Flexibilität ist Teil der Transformations-Roadmap, die kontinuierlich angepasst wird. Die Vorhersagbarkeit ist Teil der kurzen Sprints, die jedes Mal ein erreichbares Ergebnis erzielen.

Voraussetzungen für eine agile Transformation

Machen Sie sich bewusst, dass erst dann von einer agilen Transformation die Rede sein kann, wenn eine grundlegend andere Art der Organisation über alle Ebenen hinweg strukturiert eingeführt wird. Ein unternehmensweiter Wandel beginnt nur, wenn diejenigen mit letztendlicher Verantwortung von seiner Nützlichkeit und Notwendigkeit überzeugt sind. Wenn Sie sich also in einer Situation befinden, in der an der Spitze noch keine ausreichende Überzeugung für einen Wandel herrscht und in der ein klares Bekenntnis zu einer vollständigen Transformation noch fehlt, dann bezeichnen wir das nicht als Transformation. Es ist dann schlichtweg zu früh, um mit einer agilen Transformation, wie wir es in Teil B dieses Buches beschreiben, zu beginnen.

Das bedeutet übrigens nicht, dass Sie überhaupt nicht starten können. Im Gegenteil, es ist gerade dann sinnvoll, Erfolge aufzuzeigen, Experimente durchzuführen und immer mehr Menschen innerhalb der Organisation die Bedeutung der Transformation erfahren zu lassen. Auch, wenn es sich dabei nur um die Veränderung von einem oder ein paar Teams handelt. Aber das ist dann noch keine ganzheitliche, organisationsweite Transformation. Dazu ist es notwendig, dass die eigentlichen Verantwortlichen die Transformation wollen, einen Bedarf dafür sehen und auch die Führung übernehmen. Vollständige Transformationen, bei denen die gesamte Organisationsstruktur verändert wird, können nur dann in Angriff genommen werden, wenn die Topmanager überzeugt und motiviert sind, diese radikale Operation erfolgreich durchzuführen. Ihre Beteiligung bzw. »Ownership« an der Transformation ist entscheidend und unumgänglich.

Eine organisationsweite Transformation verläuft meistens über einen langen Zeitraum. Die erste Phase dauert üblicherweise sechs bis zwölf Monate, aber danach folgen noch viele weitere Phasen.

Vollständige Transformationen, bei denen die gesamte Organisationsstruktur verändert wird, können nur dann in Angriff genommen werden, wenn die Topmanager überzeugt und motiviert sind, diese radikale Operation erfolgreich durchzuführen.

Tatsache ist, dass die schrittweise Beschleunigung und Verbesserung nie wirklich enden. Sie führen also nicht nur einmal eine agile Transformation durch, sondern machen immer weiter. Jedes Mal, wenn man sich dem Punkt am Horizont nähert, erkennt man schon wieder den nächsten Punkt. Und das ist ziemlich spannend. Eine Transformation kennt keine Vergangenheit, sondern nur ein »jetzt« (was versuche ich jetzt zu verbessern?) und eine Zukunft (was kommt als Nächstes?). Und auch diese Zukunft ist in vielen Fällen noch unklar. Transformationen mit einem festen Enddatum oder einer festen Frist sind somit nicht sehr realistisch.

Dann gibt es auch noch den Faktor Angst. Was Sie jetzt gerade verändern, das funktioniert noch nicht gut. Und das, was danach kommen wird, das ist in vielen Fällen noch komplizierter, herausfordernder und teilweise sogar völlig unbekannt. Die Angst vor dem Unbekannten und vor Fehlern kann ziemlich lähmend sein. Oder die Angst, die Kontrolle zu verlieren. Angst ist vielleicht die größte Bremse in jeder (agilen) Transformation. Angst führt zu Lähmung, und dann verändert sich gar nichts mehr. Um mit solchen Gefühlen umzugehen, ist es wichtig, eine Struktur und einen Rhythmus der Veränderung zu haben und darüber auch viel zu kommunizieren. Dies sorgt für gegenseitiges Verständnis und ein verstärktes Sicherheitsgefühl. Sicherheit, insbesondere psychologische Sicherheit, ist das Gegenteil von Angst. Psychologische Sicherheit zu schaffen, bedeutet auch: nicht nur Dinge niederzureißen oder heilige Kühe zu schlachten, sondern diese zu ersetzen – mit neuen Werkzeugen und Metriken, neuen Bräuchen und Ritualen, einer neuen Geschichte für die veränderte Organisation.

In diesem ersten Teil des Buches haben wir uns mit dem »Warum« hinter einer agilen Transformation befasst. Dieses »Warum« ist eine Voraussetzung für einen erfolgreichen Start; Agilität ist kein Zweck, sondern lediglich ein Mittel. Aber selbst wenn das »Warum« klar ist und alle dem zustimmen, hat sich noch lange nichts verändert.

Veränderung heißt tun. Bei der agilen Transformation geht es um das tatsächliche Tun. Es geht um: Taten! Das ist dann keine Frage von »warum«, sondern von »wie«. Wie agiles Transformieren in der Praxis funktioniert und um welche acht Schritte es sich eigentlich handelt, damit befassen wir uns im nächsten Teil dieses Buches.

TEIL B
Wie führt man eine agile Transformation durch?

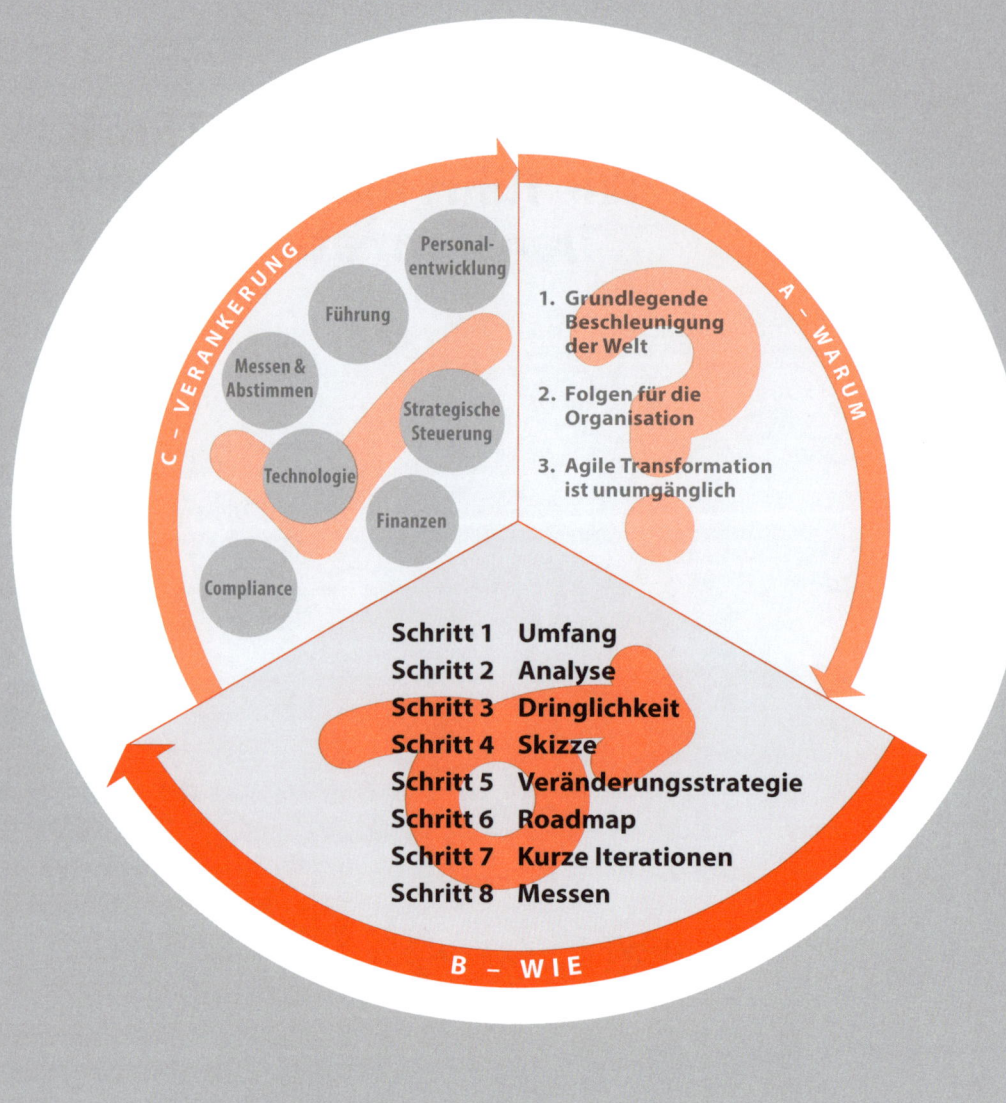

4 Agil transformieren in acht Schritten

Wenn die Bedingung erfüllt ist, dass das Topmanagement der Organisation eine klare Dringlichkeit zum Ausdruck bringt und es ein »Go« gibt, dann kann die agile Transformation organisationsweit eingeleitet werden.

Eine agile Transformation beginnt mit einer klaren Vision (Schritt 1, Seite 37 bis Schritt 3, Seite 61), hat während der Ausführung mit Anpassungen zu tun (Schritt 4, Seite 69 bis Schritt 8, Seite 119) und sorgt für Sicherheit (Teil C). Die acht Schritte des von uns beschriebenen Transformationsansatzes können in dieser Reihenfolge stattfinden, aber auch parallel zueinander verlaufen. Manchmal geht man auch einen Schritt zurück, weil das, was man in einem späteren Schritt gelernt hat, durchaus einen vorherigen Schritt beeinflussen kann. So kann es beispielsweise sein, dass zunächst ein kleiner Umfang für die Transformation gewählt wird (Schritt 1). Während der Durchführung (Schritt 7, Seite 109) stellt sich aber heraus, dass die Abhängigkeiten so groß sind, dass es besser ist, mehrere Abteilungen gleichzeitig zu transformieren und damit den Umfang zu erweitern.

Der Schritt-für-Schritt-Plan in diesem Buch ist daher eher nicht als Rezept, Verfahren oder Algorithmus zu sehen, sondern die Umsetzung wird in der Praxis an das spezifische Umfeld, an Bedürfnisse und Ziele der agilen Transformation angepasst. Benutzen Sie ihn also als Inspiration und betrachten Sie ihn als einen initialen Plan zum Starten.

Sie können sich von diesen Schritten inspirieren lassen, nicht nur vor einer Transformation, sondern auch, wenn Sie bereits seit einiger Zeit damit beschäftigt sind. Ist ein Schritt bewusst und vollständig durchlaufen? Haben Sie etwas ausgelassen? Erklärt das die Probleme, auf die Sie stoßen? Falls Sie einen Schritt übersprungen haben, raten wir Ihnen, diesen noch auszuführen. Jeder dieser Schritte gibt Ihnen wichtige Informationen über die Transformation. Auch wenn Sie zunächst einen Schritt übersprungen haben, können Sie aus den neuen Informationen noch etwas lernen. Und wenn es nur eine Bestätigung ist, dass bei diesem Schritt alles gut läuft.

Stellen Sie das agile Transformationsteam zusammen

Um eine agile Transformation iterativ durchzuführen, ist ein Transformationsteam erforderlich. Eine Veränderung hat die größten Erfolgschancen, wenn es eine Gruppe gibt, die die Transformation trägt.

> *Ohne Einfluss und Mandat für das Transformationsteam wird kaum eine wirkliche Veränderung erzielt werden.*

Dieses Team stellt die »führende Koalition« dar, die aus dem Veränderungsmodell von John Kotter bekannt ist. Aber wie bildet man so eine Koalition und wer sollte daran beteiligt sein? Das Transformationsteam muss aus Personen mit ausreichendem Einfluss und Mandat zusammengestellt sein. Es müssen ständig Entscheidungen getroffen werden, für die Einfluss erforderlich ist, beispielsweise über eine veränderte Organisationsstruktur, über die Zusammenarbeit mit Lieferanten oder über den Einsatz von Ressourcen und Menschen. Ohne Einfluss und Mandat für das Transformationsteam wird kaum eine wirkliche Veränderung erzielt werden. Ein Transformationsteam, das sich nur aus Mitarbeitern aus dem Betrieb zusammensetzt, wird es schwer haben, größere Veränderungen umzusetzen.

Das andere Extrem ist das Managementteam (MT) als Transformationsteam. Einerseits funktioniert dies recht gut, weil die getroffenen Entscheidungen dann auch durch das MT getragen werden: Viel Einfluss und Mandat ist ja vorhanden. Ein weiterer Vorteil ist, dass das MT selbst schnell lernt, wie eine agile Arbeitsweise in der Praxis aussieht. Andererseits kann es eine reine MT-Zusammensetzung erschweren, Unterstützung durch den Rest der Organisation zu erhalten.

Ein ausgewogenes Transformationsteam ist in der Regel am besten: Mitarbeiter aus der Organisation, Menschen mit Mandat (MT-Mitglieder) und eine repräsentative Vertretung aus dem gesamten Bereich der Veränderung (Schritt 1, Seite 37). Behalten Sie die Größe des Transformationsteams im Auge. Größer ist nicht immer besser: Je kleiner das Team ist, desto weniger Abstimmung ist nötig und desto schneller kann das Team arbeiten.

Bei der Zusammenstellung hilft es, das Transformationsteam selbst auch crossfunktional und agil aufzubauen. Machen Sie explizit, wer Teil dieses Teams ist und wer nicht. Die ideale Zusammensetzung wird je nach Transformation unterschiedlich sein, aber man kann sich Manager, Agile Coaches oder Scrum Master, einen Transformationsspezialisten, einen Kommunikationsexperten und einen HR-Verantwortlichen als Teammitglieder vorstellen. Achten Sie auf alle Fälle auf das agile Mindset der Teammitglieder, auf ihre Kooperationsfähigkeit und die Ausführungskraft, die sie benötigen. Das Team wird formell und informell Einfluss nehmen, um klare Entscheidungen zu treffen und diese bestätigen zu lassen.

Wie in jedem agilen Team ist es hilfreich, einen Coach (Scrum Master) zu benennen. Dieser konzentriert sich vor allem darauf, ein großartiges Team zu bilden. Dabei geht es sowohl um die gemeinsame Zusammenarbeit als auch um Arbeitsmethoden. Indem er einen festen Rhythmus mit wiederkehrenden Meetings einrichtet und moderiert, Teammitglieder coacht und ihnen konkrete Techniken beibringt, verbessert er die Funktionsweise des gesamten Teams. Die hier gewonnenen Erkenntnisse finden auch Eingang in den Rest der Organisation.

Es ist entscheidend, dass jemand formal verantwortlich für die Transformation ist. Genau wie ein Product Owner das für ein agiles Team ist. Dieser »Transformations-Owner« ist formal für den Erfolg der Transformation verantwortlich. Diese Person ist in der Lage, Entscheidungen zu treffen, und kann geschickt mit unterschiedlichen Meinungen und Interessen innerhalb und außerhalb des Transformationsteams umgehen. Auch das Kommunizieren und Wiederholen der Transformationsvision und der Roadmap sind Verantwortlichkeiten, die zu dieser Rolle gehören. Im Idealfall ist der CEO der Organisation der Transformations-Owner. Der CEO verantwortet auch die Ergebnisse für eine zukunftssichere Organisation. Wenn das aber nicht gelingt, dann wählen Sie die Person, die dem am nächsten kommt.

Ein erfolgreiches Transformationsteam benötigt ein gemeinsames Ziel, an dem es mit vollem Engagement und Fokus arbeiten kann.

> *Es ist entscheidend, dass jemand formal verantwortlich für die Transformation ist. Genau wie ein Product Owner das für ein agiles Team ist.*

Die Teammitglieder müssen die Transformation wirklich als ihre primäre Verantwortlichkeit betrachten. Das bedeutet z.B., dass ihre Team-Tage und die Sprint-Wechsel immer Vorrang gegenüber anderen Meetings haben.

Arbeiten Sie mit Verbesserungsteams

Eine Möglichkeit, die Schlagkraft des Transformationsteams zu vergrößern, besteht darin, mit separaten Verbesserungsteams zu arbeiten. Diese kleinen, zeitlich befristeten Teams erhalten vom Transformationsteam ein bestimmtes Ziel und unterstützen es bei der Suche nach spezifischen, funktionierenden Lösungen, um dieses Ziel zu erreichen.

Es sind also eher Arbeitsgruppen als stabile Teams. So ein temporäres Verbesserungsteam kann z.B. eingerichtet werden, um eine neue Art der Finanzierung zu entwickeln oder um einen technologischen Engpass zu bewältigen.

Diese Teams sind eine zielgerichtete Arbeitsgemeinschaft von Mitgliedern aus der gesamten Organisation, die gemeinsam ein Problem angehen. Dazu gehören Fachexperten und informelle Führungskräfte. Die Lösungen, die aus diesen Teams hervorgehen, erfahren oft viel Unterstützung auf der Arbeitsebene. Die Teams sind immer temporär und bearbeiten eine spezifische Frage für das Transformationsteam. Es handelt sich also nicht um permanente Vollzeitteams, in denen man über einen längeren Zeitraum zusammenarbeitet. Um zu verhindern, dass ein Verbesserungsteam zu lange besteht, kann man vereinbaren, dass es sich selbst nach ein paar Sprints automatisch auflöst. Hinsichtlich der Zusammensetzung sollte ein solches Team einen Querschnitt der Arbeitnehmerschaft darstellen.

Setzen Sie Coaching ein

Eine agile Transformation profitiert von einer großen Zahl von »Change Agents«, die mit einem unabhängigen Blick auf die Teams und die Organisation als Ganzes schauen: Agile Coaches, Scrum Master, Lean Coaches etc. Das Fachwissen und die Fähigkeiten, die sie einbringen, helfen den Teams, Herausforderungen schneller zu meistern und die Organisation früher schnell und flexibel zu machen.

Agil zu transformieren ist schon mühsam genug und niemand verfügt über alle erforderlichen Kenntnisse und Fähigkeiten. Sie müssen die Transformation also nicht alleine durchführen. Es ist schön, wenn man eine Mischung aus internen und externen Coaches hat. Die internen Coaches sorgen u.a. für Kontinuität und Sicherheit, die externen Coaches bringen in der Regel mehr Expertise von außen mit und können sich unabhängiger aufstellen.

Machen Sie das Transformationsteam letztendlich überflüssig

Die Zusammensetzung eines Transformationsteams hängt nicht nur von der Organisation ab, sondern auch von der Phase, in der sich die Transformation befindet. Jedes Transformationsteam sollte danach streben, sich selbst überflüssig zu machen. Es wird nämlich eine Organisation geschaffen, die in der Lage ist, sich selbst kontinuierlich anzupassen. Das ist der Kern einer agilen Organisation. In ihr gehört es zur Normalität, ohne ein Transformationsteam Agilität und Flexibilität zu stimulieren und zu erhöhen. Man spricht dann auch von einer »reaktionsfähigen Organisation«. Die Arbeitsweise ist so geregelt, dass es immer möglich ist, schnell auf die sich ändernden Marktbedürfnisse zu reagieren, ohne dass ein separater Veränderungsprozess erforderlich ist.

5 SCHRITT 1 – Transformationsvision: Legen Sie den Umfang fest

Einleitung

Im Wesentlichen wurde dieses Buch für ganzheitliche und organisationsweite Transformationen geschrieben: Die gesamte Organisation wird agil arbeiten und alles dreht sich um Agilität. Oft stellt es sich aber in der Praxis etwas nuancierter dar. Solche ganzheitlichen Transformationen sind eher die Ausnahme als die Regel. Die meisten Transformationen konzentrieren sich zunächst auf eine einzelne Abteilung, einen bestimmten Kundenbereich, ein einzelnes Produkt oder eine einzelne Produktgruppe. Aber solange eine Transformation groß genug ist und mehrere Hundert Mitarbeiter betrifft, funktioniert der strukturierte Ansatz dieses Buches sehr gut. Wenn der Umfang der Transformation explizit gemacht wird, bietet dies allen Beteiligten Klarheit: Was wird sich verändern und was nicht? Auch der Umfang wird sich im Laufe der Zeit verändern. Eine Transformation ist eine Reise. Auf jede Phase folgt eine weitere. Es gibt eine Reihe von Möglichkeiten, den Umfang zu definieren; wir beschreiben sie in diesem Kapitel. Betrachten Sie die Bestimmung des Umfangs wie das Schneiden der gesamten Transformation. Welche Herausforderung können wir mit einer Veränderung zuerst angehen? Sehen Sie die erste Scheibe des Umfangs als das MVP (Minimal Viable Product) Ihrer Organisationsveränderung an. Von dort aus können Sie jedes Mal bestimmen, welcher Teil der Organisation noch weiter verändert werden kann.

FALLSTUDIE
Erst bei der IT anfangen und dann weiter ... (oder doch nicht)

Im Jahr 2010 startete eine mittelgroße soziale Organisation vorsichtig mit Scrum, um ein großes problematisches IT-Projekt zu retten. Mit Erfolg. In der Folge wurden immer mehr Projekte mit Scrum umgesetzt; manchmal auch mit Kanban, wenn es die Situation erforderte. Anfang 2013 wurde eine agile Transformation für die gesamte IT-Abteilung mit ungefähr 200 Mitarbeitern beschlossen. Diese Transformation dauerte ungefähr ein halbes Jahr. Dabei wurden Teams gebildet, trainiert und durch Teamcoaching auf ein grundlegendes Agilitätslevel gebracht. Dies führte dazu, dass stabile IT-Teams eingerichtet wurden, die direkt für die Abteilungen arbeiten sollten. Auf Jahresbasis wurde ermittelt, wie viel Kapazität für welche Abteilung zur Verfügung stand. Kurz gesagt hieß das, dass jeder Abteilung ein oder mehrere Teams zur Verfügung standen. Die betreffenden Abteilungen stellten selbst den/die Product Owner für ihr(e) Team(s). Außerdem wurde für jeden Mitarbeiter eine eintägige Schulung angeboten, sodass jeder verstand, wie die Arbeitsweise organisiert war.

Inspiriert durch die Zusammenarbeit mit der IT, fing nach einiger Zeit auch die Finanzabteilung an, mit agilen Teams zu arbeiten, allerdings mit einer Kombination aus Kanban und Scrum aufgrund des durchlaufenden Charakters der Arbeit. Zum Zeitpunkt des Schreibens dieser Fallstudie sind die meisten Abteilungen noch mehr oder weniger klassisch organisiert. Sie haben eine offizielle Funktion als Product Owner für das IT-Management. Der nächste Schritt, bei dem noch breitere cross-funktionale Teams in allen Abteilungen gebildet werden, ist noch nicht geplant.

Den Umfang zunächst auf die IT zu beschränken, hat in dieser Organisation gut funktioniert. Der Grund dafür war auch, dass sich die IT bis dahin fast immer auf einem kritischen Pfad befand und das Sorgenkind der Organisation war. Dies ist durch die Transformation weitgehend weggefallen und infolgedessen stoppte die Transformation dort auch tatsächlich. Dies zeigt auch, dass die Geschäftsführung sie vor allem als eine IT-Angelegenheit betrachtete und nicht als eine Chance für die gesamte Organisation sah. Die Zuweisung von festen Teams zu festen Abteilungen war in der Praxis schnell geregelt, aber im Hintergrund arbeitete das Management immer noch mit Projekten und Budgets. Erst nach vier Jahren wurde die Governance angepasst, wodurch das Theater rund um

→

> Budgetierung und Zeiterfassung abgeschafft wurde. Dies wäre schon viel früher möglich gewesen, wenn die Transformation von der Geschäftsführung und nicht allein von der IT aus gesteuert worden wäre.

Warum den Umfang definieren?

Ein klarer Umfang für die Transformation ist eine Voraussetzung für deren Durchführung. Alle folgenden Schritte in diesem Buch bauen auf dem gewählten Umfang auf: Was nehmen wir in erster Linie mit und was (noch) nicht? Daher ist ein explizit definierter Anwendungsbereich erforderlich. Damit können Sie unter anderem:

- die Analyse ausrichten (siehe Schritt 2, Seite 49),
- die Dringlichkeit formulieren (siehe Schritt 3, Seite 61),
- eine grobe Skizze der Transformation anfertigen (siehe Schritt 4, Seite 69),
- die Veränderungsstrategie auswählen (siehe Schritt 5, Seite 85),
- die initiale Roadmap der Transformation erstellen (siehe Schritt 6, Seite 97),
- die Transformation in Iterationen durchführen (siehe Schritt 7, Seite 109) sowie
- die Wirkung messen und den Fortschritt aufzeigen (siehe Schritt 8, Seite 119).

Ein klar umrissener Umfang ist nicht nur eine wichtige Voraussetzung für alle Folgeschritte der agilen Transformation, sondern stellt auch ein ganz konkretes Werkzeug dar. Dieser Umfang sorgt nämlich dafür, dass klare Entscheidungen getroffen und auch entsprechend erklärt werden können. Es ist durchaus hilfreich, wenn Sie Aussagen wie »Nein, das nicht«, »Nein, das noch nicht« oder »Ja, das auf alle Fälle« machen können, wenn Unterstützungsanfragen z. B. zu Teamcoachings, Trainingsmöglichkeiten oder anderen Arten von Hilfe aus der Organisation kommen. Darüber hinaus sorgt ein klar definierter Umfang dafür, dass Sie sehr genau bestimmen können, was für die Durchführung der Transformation erforderlich ist. Sie wissen genau, was zur Transformation gehört und was im Mittelpunkt der Aufmerksamkeit stehen wird. Dadurch wissen Sie, wie viele Personen beteiligt sind, welche Produkte angepasst werden müssen, welche Kunden betroffen sein werden und so weiter. Denken Sie dabei auch daran, ob und welche Schlüsselfiguren zeitlich verfügbar sein müssen bzw. welche externe Expertise organisiert werden muss. Ein abgegrenzter Umfang hilft bei der Erstellung einer Roadmap und ist daher ein relevanter Schritt *und* ein Werkzeug.

Wie bestimmt man den Umfang?

Bestimmen Sie, wer der Transformations-Owner wird

Der Umfang der Transformation wird durch denjenigen bestimmt, der sich für das zugrunde liegende Problem verantwortlich fühlt. Das ist der Transformations-Owner, wie wir bereits am Anfang von Teil B beschrieben haben. Wie ein »Product Owner« der Transformation trifft diese Person die Entscheidungen, und das beginnt bereits mit dem Umfang der Transformation. Natürlich macht diese Person das nicht alleine. Die Beratung mit den Beteiligten und dem Transformationsteam hilft, gute Entscheidungen zu treffen und für Unterstützung zu sorgen. Außerdem hilft es dabei, zu erkennen, wo die größte Herausforderung für die Organisation liegt. Gibt es z. B. eine Abteilung, bei der ein hoher Grad an Wissensverlust erwartet wird? Oder gibt es ein herausforderndes Projekt, das sich über mehrere Abteilungen erstreckt und womit gestartet werden kann? Schlussendlich liegt jedoch die Entscheidung über den Umfang beim Transformations-Owner.

> **FALLSTUDIE**
> **Zu groß oder doch zu klein?**
>
> Eine mittelgroße kommerzielle Organisation stellte 2014 fest, dass die IT-Teams, die mit Scrum arbeiteten, schnell in der Lage waren, Anpassungen vorzunehmen. Das ging mit einer hohen Zufriedenheit des Fachbereichs einher. Der Rest der IT-Abteilung stand jedoch unter Druck. Projekte wurden regelmäßig verschoben und lieferten nicht immer das, was der Kunde erwartet hatte. Der Plan wurde aufgestellt, die komplette Entwicklungsarbeit zukünftig auf agile Weise durchzuführen. Man investierte in Trainings und versuchte lange Zeit, die richtigen Wertschöpfungsketten zusammenzustellen. Wie sehr man sich auch bemühte, es blieben viele Fragen und Unklarheiten bestehen.
>
> →

Es wurde beschlossen, den Umfang der Transformation zunächst drastisch auf eine einzige Wertschöpfungskette zu verkleinern. Diese Wahl wurde dadurch getrieben, dass einige Stakeholder gerne ein größeres Projekt, das zu dieser Zeit bereits abgesegnet war, auf eine agile Weise durchführen wollten. Der Umfang war nun deutlich übersichtlicher, sodass die ersten Teams drei Wochen später starten konnten.

Die Teams arbeiteten gut zusammen, in einem festen Rhythmus von zwei Wochen. Das Ergebnis war noch nicht direkt für den Fachbereich wertvoll, weil Änderungen noch nicht in die Produktion eingebracht wurden: Der Betrieb war nämlich kaum beteiligt. Das führte täglich zu Problemen. Diese wurden von den Gegnern der Transformation genutzt, um die ganze Initiative anzuzweifeln.

Dennoch gelang es, die operativen Stolpersteine aus dem Weg zu räumen, wodurch sofort spürbarer Wert geliefert werden konnte und das Projekt eine Sogwirkung entwickelte. Verschiedene Initiativen, auf die der Fachbereich wartete, wurden zum Backlog hinzugefügt, weil sie schnell zu echten Ergebnissen führten. Auch die Anzahl der Teams wurde vergrößert. Weniger als ein Jahr nach dem Start wurde eine zweite und dann dritte Wertschöpfungskette gestartet. Der Betrieb wurde dabei von Anfang an mit einbezogen.

Indem man den Umfang verringerte, wurde ausreichend Vertrauen geschaffen, um die Transformation in größerem Umfang fortzusetzen. Diese Transformation von der Mitte nach außen hatte zu Beginn sicherlich unter viel Skepsis zu leiden, manchmal sogar unter bewusster Opposition. Da es anfangs nicht genügend Unterstützung gab, war die einzige Möglichkeit, kleiner zu beginnen und den Umfang im laufenden Prozess zu vergrößern. Es galt zunächst zu zeigen, dass es funktioniert, und dann hochzuskalieren. Aufgrund des starken Antriebs aus dem Fachbereich und der erzielten Ergebnisse hielt die IT keinem Gegenargument stand.

Indem man sich dem unguten Gefühl, nicht in Produktion gehen zu können, bewusst aussetzte und es verstärkte, war es notwendig, weiterzumachen. Wenn man einfach nur am Erstellen von großen Plänen festgehalten hätte, wären die Durchbrüche nie erreicht worden: erfolgreiche Wertschöpfungsketten mit dem Fachbereich am Steuer. Auch Jahresplanungen wurden vollständig überarbeitet und gegen feste Budgets mit stabilen Teams pro Wertschöpfungskette ausgetauscht.

Organisieren Sie Workshops, um den Transformationsumfang gemeinsam zu definieren

Um den Transformationsumfang zu bestimmen, können ein oder mehrere Workshops organisiert werden. Je nach Kontext werden z. B. die folgenden Themen betrachtet:

- Welche Probleme möchten Sie lösen?
- Wie trägt die Transformation zu unseren strategischen Zielen bei?
- Wie unvorhersehbar ist die Arbeit, die geleistet wird: Ist sie komplex genug, um eine agile Transformation anzugehen?
- Wollen wir diese Arbeit zukünftig selbst machen oder vielleicht veräußern oder auslagern?
- Wie sieht es mit der Veränderungsbereitschaft unserer Mitarbeiter oder bestimmter Gruppen innerhalb der Organisation aus?
- Wo ist die Erfolgschance am größten und wo am kleinsten?
- Wo besteht die höchste Dringlichkeit?
- Wie breit wollen wir die Transformation ansetzen (Anteil der Mitarbeiter, die von der Veränderung betroffen sind)? Kann dieser Anteil selbstständig Wert schaffen oder gibt es Abhängigkeiten? Haben wir die Wertschöpfungsketten abgebildet?
- Wie tief wollen wir gehen; verändern wir Prozesse und Rollen oder wollen wir eine tiefere Verhaltens- und Kulturveränderung?
- Wollen wir (auch zeitlich gesehen) Investitionen vornehmen, die zur Breite und Tiefe der Transformation passen? Bei einer umfangreichen Transformation dauert dies mehrere Jahre!

Die Abbildung einer Matrix der »Auswirkungen von Veränderungen« kann genutzt werden, um die Breite und Tiefe einer Transformation zu diskutieren.

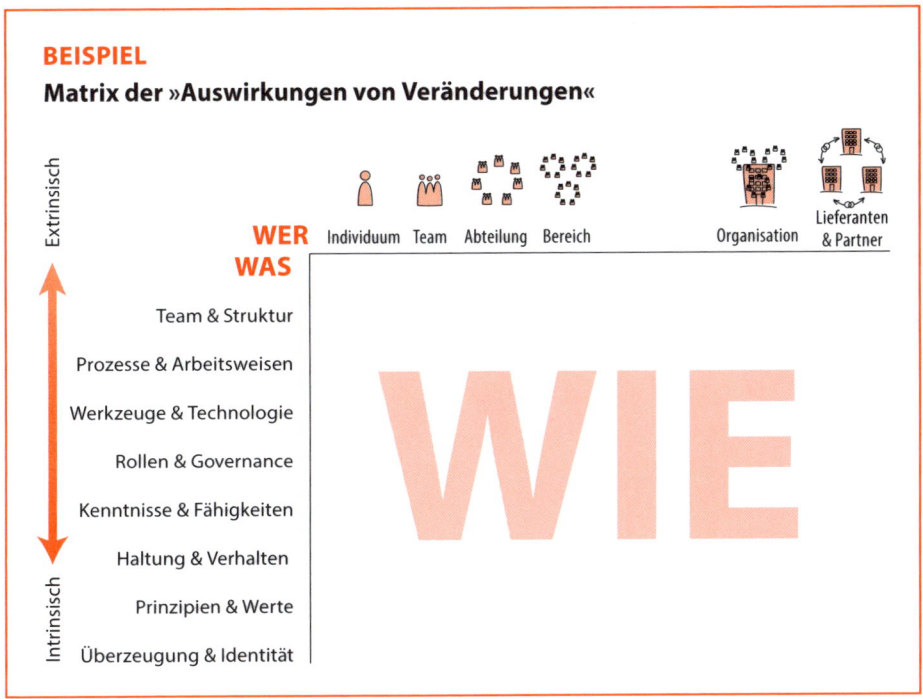

Die Dauer von Workshops variiert zwischen zwei und acht Stunden. Seien Sie während dieser Workshops so viel wie möglich aktiv, lassen Sie in Ihren Bemühungen nicht nach und zeigen Sie echtes Engagement. Einen guten Workshop zu moderieren ist eine Kunst für sich und eine Herausforderung, wenn Sie selbst inhaltlich mitarbeiten. Suchen Sie daher eine unabhängige Person mit Moderationsfähigkeiten, um die Workshops zu leiten. Ein guter Moderator sorgt dafür, dass alle sich einbringen können und dass das Ergebnis wiederholbar und teilbar ist. Es können auch mehrere Workshops mit unterschiedlicher Zusammensetzung stattfinden.

Entscheiden und kommunizieren Sie

Die Optionen, die während des Workshops diskutiert werden, bestimmen größtenteils, wie die weiteren Schritte aus diesem Buch aussehen sollen. Umgekehrt können die Lektionen, die man in den nächsten Schritten lernt, den Umfang der Transformation beeinflussen. Es kann dann nötig sein, diesen anzupassen. Auf diese Weise können sich alle Schritte aus diesem Buch gegenseitig beeinflussen. Es ist also unumgänglich, die Arbeit daran iterativ fortzusetzen. Die Erstellung eines Transformations-Canvas kann ein Hilfsmittel sein, um die Definition des

Umfangs während des Workshops zu konkretisieren. Außerdem ist er ein mächtiges Kommunikationsmittel.

Wahrscheinlich reicht ein erster Workshop nicht aus, um zu einer Entscheidung zu kommen. Vielleicht werden sogar mehr Fragen als Antworten auftauchen. Dennoch wird es den Moment geben, in dem der Umfang der Transformation festgelegt wird. Wir geben keine Empfehlung ab, welcher Umfang der beste ist, weil das von so vielen verschiedenen Faktoren abhängt. Es müssen jedoch Entscheidungen getroffen werden, auch wenn sich der Umfang im Laufe der Zeit als »falsch« erweist. Daraus kann man dann lernen. Das ist in jedem Fall besser, als die Entscheidung hinauszuzögern, was zu einer Lähmung führt.

Sobald eine Entscheidung getroffen wurde, kommunizieren Sie so schnell wie möglich mit allen, die von dieser Transformation betroffen sind. Stellen Sie sich dabei immer drei Fragen – in dieser Reihenfolge:

- Warum tun wir das?
- Wie machen wir das?
- Was, d.h. welche Ergebnisse, wollen wir damit erreichen?

Das sichtbare Aufhängen des Transformations-Canvas hilft, jedoch müssen alle im Transformationsteam auch weiterhin direkt miteinander kommunizieren. Seien Sie für Fragen aus der Organisation verfügbar und schrecken Sie nicht zurück, ehrlich zuzugeben, dass das Transformationsteam auch noch nicht alle Antworten parat hat. Die einzige Sicherheit, die Sie den Menschen geben können, ist, dass diese Entscheidung mit dem heutigen Kenntnisstand getroffen wurde. Dabei können Sie hinzufügen: Sobald neue oder andere Erkenntnisse auftauchen, kann eine neue Wahl getroffen werden.

WERKZEUG
Transformations-Canvas

Die Erstellung eines Transformations-Canvas kann ein nützliches Werkzeug sein, um mit einer Gruppe ein gemeinsames Bild zu erzeugen. Ein solcher Canvas ist ein Poster, auf dem die wichtigsten Teile der Transformation umrissen werden (siehe Abbildung auf Seite 46). Der Wert steckt vor allem in den Gesprächen und der gegenseitigen Abstimmung während des Erstellens des Canvas. Dadurch entsteht ein eindeutiges und gemeinsames Bild bei allen, die an diesem Prozess beteiligt sind. Eine gute Vorgehensweise ist es, stehend vor einem Whiteboard oder einem Flipchart den Canvas Schritt für Schritt mit allen Beteiligten auszufüllen. Während dieser Aktivität und der Gespräche, die dabei geführt werden, entsteht ein gemeinsames Bild und eventuelle Annahmen und Schmerzpunkte werden frühzeitig identifiziert. Das bietet die Chance, die Annahmen mit anderen Stakeholdern zu überprüfen und Engpässe direkt anzugehen. Sollte dieser Transformations-Canvas noch nicht klar genug sein, dann verwenden Sie noch mehr Zeit darauf. Die Tatsache, dass Elemente auf dem Canvas nicht geklärt werden können, ist vor allem ein Zeichen dafür, dass das weitere Vorgehen zeitaufwendig sein wird; es besteht dann das Risiko, dass Sie Schritte unternehmen werden, die sich als sinnlos erweisen. Gerade durch die Zusammenarbeit mit den Beteiligten am Canvas durchbricht man diese Barriere.

Hängen Sie den Canvas auch tatsächlich physisch auf; am besten an einem zentralen Ort. Dann kann sich jeder damit vertraut machen und Sie erhalten auch Feedback von den Menschen aus der Organisation, von denen Sie es zunächst nicht erwartet hatten. Je breiter die Unterstützung für die Transformation ist, desto besser.

→

Ziel:			
Metriken:			
Innerhalb des Umfangs:	Außerhalb des Umfangs:	Risiken:	Voraussetzungen:
		Stakeholder:	Transformations-team:

Ein Transformations-Canvas enthält unter anderem die folgenden Komponenten:

▸ **Ziel der Transformation**
Was wollen wir damit erreichen? Welche Probleme lösen wir damit? Wohin wollen wir gehen? Dieses Ziel ist inspirierend und prägnant (siehe auch Schritt 3, über Dringlichkeit und Kommunikation, Seite 61).

▸ **Metriken oder Key Value Indicators**
Wie bestimmen wir quantitativ, ob wir die erwünschten Ergebnisse erzielen? Was ist die Definition von Erfolg? Wie zeigen wir auf, dass es gut (oder nicht gut) läuft? Und dann natürlich: Sind unsere Ergebnisse spezifisch, messbar, akzeptierbar, realistisch und terminiert (SMART)?

▸ **Innerhalb des Umfangs**
Was ist die erwartete Breite und Tiefe der Transformation? Wie lange wird sie dauern?

▸ **Außerhalb des Umfangs**
Was liegt außerhalb des Umfangs der Transformation? Wie gehen wir damit um?

▸ **Voraussetzungen**
Was ist nötig, um erfolgreich zu sein?

> ▸ **Risiken**
> Welche Transformationsrisiken sehen wir?
>
> ▸ **Transformationsteam**
> Wer ist der Transformations-Owner? Wer ist Teil des Teams, mit welchem Fachwissen? Wie sind die Teammitglieder erreichbar? Wann sind sie tatsächlich anwesend und ansprechbar?
>
> ▸ **Stakeholder**
> Wer sind die Stakeholder für die Transformation und wie werden sie involviert?
>
> Lassen Sie sich vor allem nicht davon abhalten, den Canvas so anzupassen, wie es für Ihre Transformation nützlich ist. Er ist ein Werkzeug, um die Transformation in ihrer ganzen Breite zu betrachten und die damit verbundene Vision konkret und spezifisch zu machen. Elemente, die für Ihre Umgebung relevant sind und in dieser Vorlage fehlen, können Sie natürlich hinzufügen.

Los geht's

Wenn Sie sich nun an die Arbeit machen, den Umfang der Transformation zu bestimmen, dann denken Sie an die folgenden konkreten Schritte:

- ☐ Befüllen Sie einen Transformations-Canvas während eines Workshops.
- ☐ Definieren Sie den Umfang einer Transformation auf Grundlage dieses Workshops.
- ☐ Überprüfen und passen Sie den Umfang auf Basis des eingeholten Feedbacks an.
- ☐ Bestimmen Sie den Umfang; anfangen ist wichtiger als den »perfekten« Umfang festzulegen.
- ☐ Kommunizieren Sie den definierten Umfang und geben Sie einen Ausblick auf die nächsten Schritte.
- ☐ Sammeln Sie kontinuierlich Erfahrungen über die Wirksamkeit des Umfangs und andere Bereiche des Transformations-Canvas und lernen Sie daraus.

6 SCHRITT 2 – Transformationsvision: Analysieren Sie die (Ausgangs-)Situation

Einleitung

Eine strukturierte Transformation beginnt mit einer Analyse. Manchmal werden dafür auch andere Begriffe wie z.B. »Assessment«, »Audit« oder »Basislinienmessung« verwendet. Der Einfachheit halber benutzen wir in diesem Kapitel den Begriff »Analyse«. Je nach Umfeld und je nachdem, wie formal und detailliert die Analyse ist, kann ein bestimmter Begriff passender sein. Mit den oben genannten Begriffen verbinden die meisten Menschen etwas aus der Vergangenheit – manchmal ist es positiv, aber sicherlich nicht immer. Auf das Label »Analyse« trifft das viel weniger zu. Eine Analyse ist mehr oder weniger neutral. Das ist auch die Denkweise, die wir mit diesem Schritt erreichen wollen: analysieren, wo eine Organisation gerade steht, und gemeinsam analysieren, was der geeignete nächste Schritt sein könnte. Achtung! Eine Analyse an sich ist bereits eine mächtige Intervention. Wenn man Fragen stellt, Sachen misst und sie benennt, werden Menschen bewusst handlungsunfähig gemacht. Das ist eine große Intervention, wenn es um das Transformieren geht.

Warum eine Analyse durchführen?

Wenn sich eine Organisation auf das Abenteuer einer agilen Transformation einlässt, dann gibt es oft bereits Erfahrungen mit agilem Arbeiten. Einige Teams oder eine ganze Abteilung arbeitet beispielsweise schon seit einiger Zeit auf diese Weise. Oder ein (neues) Mitglied der Geschäftsführung hat dies bei einem vorherigen Arbeitgeber erlebt. Das Komplizierte hieran ist, dass es innerhalb jeder Organisation große Unterschiede in Bezug auf agiles Wissen und agile Erfahrungen gibt. Das bedeutet dann auch, dass nicht alle auf dem gleichen Niveau starten. Der eine muss sich noch orientieren (oder leistet Widerstand), der andere ist gut darin, agile Teams zusammenzustellen, und wieder ein anderer hat den Portfolio- und Backlog-Prozess bereits geordnet. Der eine hat positive Erfahrungen mit einer bestimmten Lösung gemacht, während der andere in seinem eigenen Umfeld viel weniger damit erreicht hat.

Eine Analyse muss sich nicht nur auf den aktuellen Stand der Agilität konzentrieren, sondern auch Fragen stellen wie: Was ist das Problem, das wir lösen wollen? Welche Mittel und Methoden wurden dafür bereits eingesetzt? Warum waren diese nicht erfolgreich?

Kurzum, sobald eine Organisation beschließt, sich komplett zu verändern, gibt es vielleicht eine Vision, dass eine Transformation notwendig ist, aber die Bestandsaufnahme und der beste erste Schritt sind in der Regel nicht klar herausgearbeitet. Daher ist es sinnvoll, ein eindeutiges Bild zu erstellen: Wo stehen wir? Was ist die wirkliche Ausgangssituation? Wo sind die Erfolgschancen am größten?

Es ist ratsam, eine breite Analyse über den aktuellen Stand der Organisation durchzuführen. Damit wird die wirkliche Ausgangssituation klarer. Sie bietet auch den Vorteil, dass es später möglich sein wird, zurückzublicken und aufzuzeigen, was tatsächlich passiert ist, auch wenn ein solcher Messpunkt kein Selbstzweck darstellt. Es geht um die Interaktion, die rund um die Analyse stattfindet, und ihren Einfluss auf die zu ergreifenden Maßnahmen.

Analysen können unterschiedliche Ziele haben. Um sie effektiv nutzen zu können, ist es ratsam, diese Ziele vorab klarzustellen. Die vier häufigsten Ziele werden im Folgenden näher erläutert.

SCHRITT 2 – Transformationsvision: Analysieren Sie die (Ausgangs-)Situation

ZIEL 1: Ein klares Bild bei den Beteiligten schaffen

Eine Organisation kann als eine Ansammlung von Menschen betrachtet werden. Diese haben alle ihr eigenes Bild, ihre Erfahrungen, Kenntnisse und ihren Hintergrund. So viele Menschen, so viele Meinungen.

Hauptsache ein eindeutiges Bild wird festgelegt und dieses wird weit verbreitet und geteilt.

Diese Meinungen werden oft auch noch aufgrund von Halbinformationen gebildet. Der eine erzählt nur Erfolgsgeschichten, der andere spricht nur darüber, was noch nicht gut läuft. Es ist daher sinnvoll, ein eindeutiges Bild der Ausgangssituation, vom Stand der Agilität und davon, was man messen möchte, zu erstellen. Wie weit ist man damit? Was gibt es und was gibt es nicht? Wo liegen die großen Fallstricke und wo die besten Chancen? Stellen Sie die Ausgangssituation objektiv dar. Ein externer Partner kann dabei helfen, aber es kann auch selbst erledigt werden.

Hauptsache ein eindeutiges Bild wird festgelegt und dieses wird weit verbreitet und geteilt. Erst dann entsteht ein gemeinsamer Überblick über die Ausgangssituation, und die Folgemaßnahmen werden für die Beteiligten als logisch und erwartbar empfunden. Es kann dabei enorm helfen, sich Feedback von den Beteiligten einzuholen, ihnen eine Stimme zu geben und ihre Meinung bei der Untersuchung ernst zu nehmen. So ein eindeutiges Bild sorgt für eine breite Unterstützungsbasis für zukünftige Interventionen während der Transformation.

FALLSTUDIE
Die Teams funktionieren nicht?

Bei einer großen kommerziellen Organisation wehte bereits seit geraumer Zeit ein agiler Wind. Verschiedene Abteilungen und Geschäftseinheiten experimentierten mit Scrum, cross-funktionalen Teams und Ähnlichem. So auch die Stabsabteilung, die für die finanzielle Berichterstattung verantwortlich war. Die Teams hatten aus eigenem Antrieb mit Scrum begonnen. Mitarbeiter entwickelten sich

→

zu Scrum Mastern und Product Ownern und es wurden Schritte unternommen, um die Zusammenarbeit und die Produktion zu verbessern.

Nach ungefähr zwei Jahren lief es schlechter: unzufriedene Stakeholder, viele Zwischenfälle, die Teams und das Management standen unter Druck. Zusätzlich zu all den Herausforderungen, die die Organisation bewältigen wollte, sollte nun auch der Personalbestand der Abteilungen verkleinert werden. Die Schlussfolgerung des Managements: Die einzige Lösung ist die Steigerung der Produktivität. Es wurde beschlossen, eine Analyse über die Arbeitsweise der Teams durchführen zu lassen.

Bei der Analyse kamen diverse Punkte zutage, die mit dem Management zu tun hatten. Das Vertrauen in das Führungsteam war aufgrund der jüngsten Veränderungen in der Zusammensetzung, der Vorgehensweise der Teams, des enormen Drucks und der vielen Zwischenfälle komplett verloren gegangen. Die Bitten der Teams um Unterstützung wurden nicht ernst genommen und es entstand eine negative Atmosphäre.

Das Bild, das diese Analyse ergab, war jedem Einzelnen aus dem Managementteam bereits bekannt: »Irgendwie wussten wir das schon.« Aber dennoch fiel die Schlussfolgerung schwer: Das Managementteam selbst musste seine Größe um 40 Prozent reduzieren. Die Untersuchung machte schmerzhaft, aber deutlich sichtbar, dass Not am Mann war und dass sich wirklich etwas verändern musste.

Nach einem Jahr stieg die Zufriedenheit der Stakeholder wieder: weniger Zwischenfälle, wieder eine konstruktive Atmosphäre und Teams, die gemeinsam an der Lösung der Probleme arbeiteten. Die Untersuchung sorgte vor allem für Klarheit, Eindeutigkeit und Dringlichkeit der Situation: Was geschieht auf Management- und Teamebene, aber auch bei den Stakeholdern? Den Stakeholdern wurde so bewusst, dass es nicht hilfreich sein würde, stärker zu drängen und Fristen zu erzwingen.

Die Analyse gab auch die Richtung der Transformation vor. Sie führte zu einem klaren Plan. Das war anfangs zwar schmerzhaft, führte aber zu breitem Vertrauen und bot somit eine gute Ausgangsbasis.

ZIEL 2: Einen Messpunkt haben, um den Fortschritt zu verfolgen und zu berichten

Eine Transformation ist ein Prozess, der sich über ein bis mehrere Jahre erstreckt. Das Bild, von dem aus man gestartet ist, verflüchtigt sich meist recht schnell. Unsere Erinnerung ist in dieser Hinsicht nicht sehr verlässlich. Dennoch ist es bei einer Transformation wünschenswert, den Fortschritt und die Verbesserung deutlich sichtbar zu machen. Das hält Menschen motiviert und man kann von dem lernen, was bereits erreicht wurde.

Dafür ist es nötig, einen echten Nullpunkt zu haben. Ein objektiv gemessener Nullpunkt hilft enorm bei der Transformation. Regelmäßig entstehen Diskussionen auf der Grundlage von Meinungen und Bauchgefühlen. Solche Diskussionen lassen sich anhand von Messungen relativ leicht verhindern – sie müssen dann aber auch ausgeführt sein.

Ein objektiv gemessener Nullpunkt mit sowohl qualitativen als auch quantitativen Daten ist dafür essenziell. Auf diese Weise kann während der Transformation der Fortschritt nachgewiesen werden: Wie groß sind die Verbesserungen und wie können Anpassungen vorgenommen werden? In Umgebungen, in denen die Analyse den Fortschritt sichtbar machen soll, ist sie selten ein einmaliges Ereignis. Die Analyse wird dann häufiger als Messinstrument eingesetzt, z.B. alle drei oder sechs Monate, um aufzuzeigen, was im vergangenen Zeitraum erreicht wurde und was die nächsten Schritte sind.

ZIEL 3: Die erste echte Intervention, um deutlich zu machen, dass es ernst ist

Eine Transformation ist keine leichte Aufgabe – nichts, was man eben einfach mal beginnt –, sondern es handelt sich um eine ernsthafte Veränderung, die längere Zeit in Anspruch nimmt, manchmal schmerzhaft ist und auch schwierige Momente hat. Sie fordert viel von der Organisation und ihren Menschen und ist auch eine beträchtliche Investition in Bezug auf Zeit, Geld und Energie. Deshalb ist es notwendig, dass alle Beteiligten die Transformation ernst nehmen und ihr Bestes geben, um sie erfolgreich zu machen. Eine umfangreiche Analyse – einschließlich ausführlicher Interviews mit den Beteiligten und Präsentationen des Managements in der ganzen Organisation – zeigt auf, dass es mit der Transformation ernst gemeint ist. Es trägt dazu bei, den Menschen bewusst zu machen, dass auf (vielen) Ebenen noch nicht die gewünschte Situation erreicht wurde und es noch viel zu lernen gibt. Auf diese Weise kann die Analyse selbst – einschließlich der Ergebnisse und der Abschlusspräsentation – ein wirkungsvolles Veränderungs- und Interventionsinstrument sein.

ZIEL 4: Konkrete Maßnahmen erzeugen und Alignment herstellen

Zu Beginn einer Transformation ist es oft wünschenswert, schnell Erfolge sichtbar zu machen. Das gibt Energie und Motivation zum Durchzuhalten – auch in den etwas schwierigen Momenten. Die Analyse ist daher eine ausgezeichnete Gelegenheit, zu betrachten, in welchen Bereichen sich der Erfolg deutlich zeigt und wo er sich nur mühsam einstellt. Auf diese Weise liefert die Analyse Input für die Transformations-Roadmap. Was machen wir zuerst und was machen wir später? Und: Womit müssen wir schnell starten, weil es eine erhebliche Durchlaufzeit bis zu den ersten Ergebnissen gibt? Manchmal wird die Analyse auch aufzeigen, dass die Voraussetzungen für den Erfolg noch nicht gegeben sind; dann ist es ratsam, zunächst die Voraussetzungen zu schaffen und diese dann auch in die Transformations-Roadmap mit aufzunehmen.

Dazu gehören auch einheitliches Vorgehen und Abstimmung zwischen den Teams. Es ist ratsam, dass Teams, die viel zusammenarbeiten und viel gemeinsam haben, sich auch eine einheitliche Arbeitsweise aneignen. Die Analyse kann dafür Input sammeln und die Interventionen während der Transformation somit effektiver gestalten. Ein mögliches Ziel der Analyse kann darin bestehen, Klarheit darüber zu erlangen, welche konkreten Maßnahmen wo und wann wünschenswert sind.

Wie geht man eine Analyse an?

Eine Analyse besteht grob aus drei logischen Schritten:

▸ Schritt 1, die Analyse planen und vorbereiten;

▸ Schritt 2, die Analyse durchführen und alle Daten sammeln;

▸ Schritt 3, die Ergebnisse und Erkenntnisse berichten und präsentieren.

Zum Planen und Vorbereiten (Schritt 1) gehören u.a. die Klärung der Anforderungen und Erwartungen an die Ergebnisse, das Zusammenstellen des Analyseteams, das Erstellen einer Planung, das Sammeln der bereits bestehenden Materialien und Dokumente sowie alle weiteren Vorbereitungen für die Analyse selbst.

Dazu zählt auch, sich intensiv mit den vorhandenen Materialien und Dokumente zu beschäftigen, sodass diese während der Analyse aufgegriffen oder angefordert werden können.

Bei der Durchführung der Analyse (Schritt 2) werden alle Daten mithilfe von Fragebögen, Interviews und Beobachtungen gesammelt. Das bedeutet, Fragebögen anzukündigen und zu versenden, die zurückgesandten Fragebögen zu verfolgen, Erinnerungen zu verschicken, Personen einzuladen, Interviews mit ihnen einzuplanen, Räumlichkeiten zu reservieren und so weiter. Außerdem wird so viel »Beweismaterial« wie möglich gesucht – mehrere Befunde –, bevor Schlussfolgerungen gezogen werden. Zu guter Letzt gehört zu der Durchführung der Analyse auch das Erstellen einer ersten Version der Ergebnisse und Erkenntnisse, um ein Feedback der Beteiligten zu erhalten. Es kann sein, dass die gesammelten Daten unvollständig sind oder zu falschen Schlussfolgerungen beim Analyseteam führen. Die Teilnehmer der Analyse erhalten dann die Möglichkeit, zusätzliche Nachweise oder andere Daten zu liefern, um diese fehlerhaften Befunde zu korrigieren.

Bei der Berichterstattung und Präsentation (Schritt 3) werden alle Beobachtungen, Schlussfolgerungen und vorgeschlagenen Folgemaßnahmen geteilt. Das bedeutet, Präsentationen und Fragerunden abzuhalten, erste Pläne zu machen oder sogar schon eine Transformations-Roadmap aufzusetzen. Es sollte jedoch akzeptiert werden, dass in diesem dritten Schritt die Befunde und Schlussfolgerungen nicht mehr zur Diskussion stehen. Die Ergebnisse stehen fest und werden geteilt; das Einarbeiten von ersten Kommentaren zu den Ergebnissen der Analyse war Teil des vorherigen Schrittes.

Was ist eine gute Analyse?

Die Suche im Internet nach »agile Analyse«, »agiles Assessment« oder »agiles Reifemodell« führt zu sehr unterschiedlichen Ergebnissen. Es ist schwierig, den Wald vor lauter Bäumen noch zu sehen. Die Vielzahl von Ergebnissen geht von Reifegradmodellen bis Gesundheitsradaren, von theoretisch bis praktisch, von generisch bis spezifisch, von weit verbreitet bis rein hypothetisch. Auch bei den agilen Transformationen, bei denen wir beteiligt waren, wurden alle möglichen Varianten angewandt, oft erfolgreich, aber manchmal auch nicht. Transformationen sind so einzigartig, dass man manchmal hinterher denkt: Hätte ich es nur anders gemacht. Aber nun gut, im Nachhinein ...

In der Praxis besteht eine Analyse aus einem quantitativen und einem qualitativen Teil. Der quantitative Teil besteht oft aus einem (Online-)Fragebogen und erfasst die Organisation in Typografien und/oder Dimensionen. Davon gibt es viele Varianten auf dem Markt.

Die quantitative Analyse ist oft schnell zu realisieren; sie ist standardisiert und vermittelt einen umfassenden Eindruck. Genau aufgrund dieser Eigenschaften haben alle quantitativen Untersuchungen gemein, dass sie ohne ergänzende qualitative Analyse nur begrenzt etwas über das *Warum* eines bestimmten vorherrschenden Zustands einer Organisation aussagen. Die oben genannten Beispiele werden daher in der Regel durch eine qualitative Analyse unterstützt. Bei der Wahl einer eigenen qualitativen Untersuchung gilt: Seien Sie sich der Grenzen einer (ausschließlich) qualitativen Analyse bewusst.

Die qualitative Analyse wird durch Beobachtungen und Interviews durchgeführt. Dabei kann es sich um Einzelinterviews handeln, aber auch Gruppeninterviews können gut funktionieren, z. B. bei Workshops mit vielen Teilnehmern. Ergänzend können auch zusätzliche Dokumente durchgearbeitet werden. Die qualitative Analyse ist der zeitaufwendigste Teil einer Untersuchung.

Was kostet es und wie lange dauert es?

Die Wahl des Vorgehens und der Umfang der Datenerhebung unterscheidet sich daher stark vom Ziel der Analyse. Abhängig von diesem Ziel wird die Vorgehensweise mehr oder weniger formell, breit oder eng sein. Tatsächlich ist dies eine ROI-Bewertung (Return on Invest): Was soll bei der Analyse herauskommen, welchen Einfluss soll die Analyse haben und was darf sie dann kosten?

Betrachten Sie die Analyse als einen ersten Schritt in der Transformation und vor allem als eine ernsthafte Maßnahme. Auf der Grundlage dieser Überlegung wird deutlich werden, welchen Umfang die Analyse haben kann. In Schritt 1 in diesem Teil B des Buches (siehe Seite 37) wird der Umfang der Transformation bestimmt. Die Entscheidungen, die in dem Zusammenhang getroffen wurden, bestimmen natürlich auch den Umfang der Analyse.

Die Dauer der Analyse und die damit verbundenen Kosten hängen stark vom Umfang und der Intensität ab. Die Untersuchung, durchgeführt von einer einzelnen Person, kann ein paar Tage dauern und dann innerhalb von zwei Wochen für ca. 10.000 Euro abgeschlossen werden. Es gibt aber auch Situationen in großen Organisationen, in denen eine Analyse sogar mehrere Monate dauert und von einem Analyseteam begleitet wird. Die Kosten dafür sind natürlich sehr viel höher und können sich auf Hunderttausende von Euro belaufen.

Das Ziel der Analyse bestimmt in hohem Maße, was sie kostet und wie lange sie dauert. Das Ausmaß, in dem die Analyse selbst eine Intervention ist, kann ihre Kosten rechtfertigen. Dennoch geht es bei der Transformation um die tatsächliche Veränderung der Arbeits- und Denkweise einer Organisation. Je langatmiger die Analyse, desto länger werden die Veränderungen aufgeschoben. Das ist natürlich nicht wünschenswert. Gehen Sie also so effektiv wie möglich vor: maximale Wirkung bei minimalen Kosten und Durchlaufzeiten.

Wer führt die Analyse durch?

Das Transformationsteam ist zwar der Auftraggeber, steht aber während der Analyse keinesfalls an der Seitenlinie. Es ist auf jeden Fall keine schlechte Idee, dass das Transformationsteam die Untersuchung selbst durchführt, möglicherweise ergänzt durch externes Wissen.

Bei größeren Transformationen ist das Transformationsteam oft sehr breit aufgestellt, mit Vorstandsmitgliedern, mittlerem Management, Mitarbeitern und Beratern. Bei anderen Transformationen ist das Transformationsteam viel eher ein Richtungsteam. Meistens übernimmt dann ein Mitglied die Leitung der Analyse und ein separates Analyseteam wird zusammengestellt, z. B. mit externen Beratern und Consultants.

Beide Herangehensweisen sind in Ordnung. Letztendlich dient das Ziel der Analyse als Steuerung. Auf dieser Grundlage wird deutlich, in welchem Maß das Transformationsteam die Analyse selbst durchführen wird. Stehen Unterstützung und objektive Fortschrittsberichte im Vordergrund? Dann sorgen Sie für ausreichend externe und objektive Mitglieder im Analyseteam. Bestimmen sichtbare Veränderungen und eine klare Intervention in erster Linie die Ziele? Dann lassen Sie das Transformationsteam einen großen Teil des Analyseteams bilden.

Ein Nebeneffekt der Analyse ist die Prüfung möglicher Zulieferer. Viele Organisationen erhalten bei der Durchführung einer Transformation Unterstützung von einem oder mehreren externen Partnern. Bewerten Sie die Kenntnisse, Erfahrungen und Tatkraft von diesen Partnern so früh wie möglich. Nicht dass Sie während der Transformation noch Enttäuschungen in diesem Bereich erleben. Wenn Sie bereits während der Analyse externe Personen hinzuziehen, können Sie herausfinden, wie kompetent diese tatsächlich sind und ob sich die behauptete Erfahrung auch während der Analyse zeigt.

Wie oft wird die Analyse durchgeführt?

Eine solche Analyse wird in der Regel nicht nur einmal durchgeführt: Bei den meisten Transformationen geschieht dies alle drei oder sechs Monate. Je öfter sie wiederholt wird, desto weniger arbeitsintensiv wird sie sein; Sie wollen schließlich nicht jedes Quartal eine Umfrage mit einer Bearbeitungszeit von sechs Wochen durchführen. Es kann auch funktionieren, verschiedene Rhythmen zu kombinieren, z. B. eine jährliche Analyse mit mehr Umfang und Bearbeitungszeit, ergänzt mit monatlichen, weniger umfangreichen Selbstbewertungen.

> **FALLSTUDIE**
> **Wiederholte Messung macht die Entwicklung sichtbar**
>
> In einer relativ kleinen Organisation arbeiteten ca. 20 Entwickler auf nicht gerade strukturierte Weise zusammen. Täglich bekamen sie unterschiedliche Aufträge von verschiedenen Stakeholdern, insbesondere von einem der Unternehmensgründer. In den Jahren zuvor hatte die Start-up-Mentalität und Arbeitsweise Erfolg gebracht und dies führte zu Wachstum. Als die Anzahl der Mitarbeiter zunahm, wurde die Situation immer chaotischer und in der Folge unhaltbar. Eine Beratungsfirma wurde beauftragt, agile Teams aufzubauen, um die Vorhersagbarkeit und Produktivität zu erhöhen.
>
> Zunächst wurde eine initiale Analyse durchgeführt, bestehend aus einem Dutzend Interviews und einem Fragebogen. Die Ergebnisse unterstützten die Idee, dass der Einsatz von Scrum in drei Teams unterschiedliche Vorteile bringen würde. Mit Unterstützung von Agile Coaches wurden die Teams gestartet und täglich begleitet.
>
> Nach vier Monaten wurde der Fragebogen erneut verwendet. Die Ergebnisse und die damit verbundenen Gespräche zeigten, dass allerlei Fortschritt hinsichtlich der Zusammenarbeit erzielt worden war. Zusätzlich kamen noch unterschiedliche Punkte zum Vorschein, die für die Teams interessant waren. Zusammen mit den Beobachtungen der Coaches führte dies zu konkreten Verbesserungsmaßnahmen in den kommenden Monaten, wie z. B. Wert messbar zu machen, den

→

> Umgang mit Stakeholdern zu verbessern und die Arbeit bei jedem Sprint releasefähig zu machen.
>
> Nach weiteren vier Monaten wurde derselbe Fragebogen noch einmal verwendet, und in allen Bereichen konnten noch weitere Fortschritte verbucht werden. In einem Bereich gab es einen Rückgang, aber das war erklärbar, und hier wurden sofort zusätzliche Maßnahmen ergriffen. Die größten Verbesserungen wurden hinsichtlich der Arbeitsweise und Denkweise erzielt. Im Anschluss konnte eine Phase der Verankerung und des Transfers auf interne Rollen eingeleitet werden, woraufhin der Auftrag mit abschließenden Empfehlungen abgeschlossen werden konnte.

Was sind mögliche Fallstricke?

Machen Sie nicht den Fehler, einen bereits bestehenden oder zuvor verwendeten Analyseansatz von der Stange zu nehmen und ihn eins zu eins zu wiederholen. Wählen und entwickeln Sie den Ansatz, der zur Situation und zum Ziel der Analyse passt. Das bedeutet nicht, dass immer komplett bei null angefangen werden muss. Wiederverwendung ist durchaus möglich, aber nur, wenn es sinnvoll ist und in den Kontext und die Situation passt, in der sich die Organisation befindet. Schließlich basiert eine Analyse auf einem Referenzmodell, dem Rahmen, an dem die aktuelle Situation gemessen wird. Unterschiede zu diesem Modell werden sichtbar gemacht; es bestimmt damit zu einem großen Teil die Ergebnisse der Analyse. Ohne nachzudenken einfach zum Bestehenden zu greifen, ist daher ein folgenreicher Fallstrick: Die aktuelle Situation und das Umfeld könnten so einzigartig sein, dass ein vorhandenes oder zuvor verwendetes Referenzmodell einfach nicht passt. Einen einheitlichen Ansatz gibt es leider nicht. Es ist und bleibt Maßarbeit.

Die Durchführung der Analyse durch einen externen Partner kann die Objektivität erhöhen. Externe Partner haben derartige Analysen schon häufiger durchgeführt; sie bringen Erfahrungen mit, die innerhalb der eigenen Organisation meist nicht vorhanden sind. Achten Sie darauf, dass der externe Partner im Durchsetzen seiner eigenen Herangehensweise zurückhaltend ist – es geht nicht so sehr um den Ansatz, vielmehr geht es um die Auswirkungen der Analyse. Konzentrieren Sie sich auf dieses Ziel und prüfen Sie, ob der Ansatz und der externe Partner dazu passen.

Los geht's

Wenn Sie nun mit einer ersten Untersuchung loslegen, dann denken Sie an die folgenden konkreten Schritte:

- Legen Sie das primäre Ziel der Analyse fest.
- Bestimmen Sie den Umfang der Analyse.
- Wählen Sie das zu verwendende Referenzmodell.
- Planen Sie die Analyse und treffen Sie die nötigen Vorbereitungen.
- Führen Sie die Analyse durch.
- Kommunizieren Sie die Ergebnisse der Analyse.
- Setzen Sie Erkenntnisse in konkrete Maßnahmen um.

7 SCHRITT 3 – Transformationsvision: Kommunizieren Sie die Dringlichkeit

Einleitung

Die Dringlichkeit für Veränderungen zu erkennen und zu kommunizieren, ist einer der wichtigsten Schritte in einer Transformation. Sie bestimmt die Richtung und ist eine Voraussetzung für die Unterstützung in der gesamten Organisation. Die Klärung der Dringlichkeit beantwortet auf jeden Fall die folgenden Fragen:

- Warum wollen wir die Organisation verändern?
- Welches Problem wird dadurch gelöst?
- Welche Richtung schlagen wir ein?
- Was ist hierfür dringend notwendig?

Wenn diese Dringlichkeit kohärent ist, logisch klingt, realistisch ist und sich durchsetzt, dann ist es möglich, Menschen in Bewegung zu bringen. Auch dann, wenn das Ziel noch nicht bekannt ist.

Warum die Dringlichkeit der Veränderung kommunzieren?

Eine Organisation neigt dazu, so zu bleiben, wie sie ist. Um wirkliche Veränderung zu erzeugen, müssen die Mitarbeiter auch spüren, warum diese erfolgt. Das geht über ein rationales Verständnis hinaus. Vorzugsweise hängt die Veränderung auch emotional mit dem zusammen, was die Mitarbeiter jeden Morgen aus dem Bett aufstehen lässt. Die Menschen sollen es »fühlen«, auch den Schmerz, der durch Nicht-Veränderung entsteht. Nur, wenn die Mitarbeiter wirklich an etwas glauben und dafür durch das Feuer gehen, sind sie bereit, ihr Verhalten zu ändern und auch an ihre Umgebung zu appellieren.

Dies erfordert eine klare Botschaft, die konsequent wiederholt wird. Dazu ist nicht nur Überzeugung notwendig, sondern auch angemessenes Handeln derjenigen, die diese Botschaft vermitteln. Es ist z. B. völlig unglaubwürdig, einerseits lautstark zu verkünden, dass alles anders und schneller wird, und andererseits den festen jährlichen Planungszyklus wie gewohnt ein halbes Jahr im Voraus zu starten. Vor allem dann, wenn es schwierig ist und Konflikte auftreten, muss die Botschaft deutlich wiederholt werden, mit entsprechendem vorbildlichem Verhalten. Schließlich gibt es kein Zurück mehr.

Wenn der Dringlichkeit nicht genügend Aufmerksamkeit geschenkt wird, werden nicht alle Mitarbeiter die Veränderung in vollem Umfang mittragen. Die Menschen werden dann nur bestimmte Dinge tun, »weil sie es müssen«. Ihr Verhalten kann von negativer Körpersprache, untergrabenden Bemerkungen oder einem Mangel an Initiative begleitet sein. Nutzen, Notwendigkeit und Dringlichkeit sind immer *die* Treiber, um ins Handeln zu kommen; *ohne* sie wird es keine aktive Veränderung geben.

Wie kommuniziert man die Dringlichkeit der Veränderung?

Das Führungsteam und das Transformationsteam nehmen beim Vermitteln dieser Dringlichkeit eine wichtige Rolle ein. Es beginnt mit einer gemeinsamen Vereinbarung zu der Geschichte, die man kommunizieren möchte. Diese Vereinbarung muss bis ins (manchmal internationale) Topmanagement gelten.

Die Geschichte wird speziell auf diese Transformation ausgerichtet sein und folgende Fragen beantworten: Warum wollen wir die Organisation verändern? Welches Problem wird dadurch gelöst? Welche Richtung schlagen wir ein? Was ist hierfür dringend notwendig?

Bestimmen Sie die Botschaft

Stellen Sie sich selbst die Frage: Was hält mich nachts wach? Die Antwort wird je nach Umfeld unterschiedlich ausfallen. In einer Behörde beispielsweise kann das größte Problem darin liegen, Mitarbeiter zu binden und ein spannendes Umfeld zu bieten, Verantwortliche in kommerziellen Organisationen können wach liegen aufgrund ihrer schwindenden Marktrelevanz. Was ist derzeit die größte Bedrohung für die Organisation und was wird passieren, wenn sich nichts verändert?

Sie können dann mit dem perfekten Bild anfangen. Wie sieht die ideale Situation aus, in der sich die Organisation befinden könnte? Welches Verhalten sehen Sie, wie macht sich das Unternehmen auf dem Markt, warum wird es gefeiert? Stellen Sie eine Verbindung mit dem Potenzial der Organisation her. Welches sind die vorhandenen einzigartigen Werte oder Fähigkeiten der Organisation, die für die Zukunft essenziell sind?

Die Verantwortlichen der Transformation müssen zudem über die Frage nachdenken, was sie konkret tun werden, um das gelobte Land zu erreichen. Noch wichtiger als Worte sind dabei die Taten. Wirkt die Botschaft authentisch? Zeigt Ihr Verhalten als Führungskraft, dass Agilität der richtige Weg ist? Glauben Sie wirklich an die Veränderungen und unternehmen Sie alle Anstrengungen, damit Teams und Individuen so weit wie möglich selbstorganisiert arbeiten können, auch wenn das bedeutet, dass Sie vielleicht selbst einen Schritt zur Seite treten müssen? Nochmals, es ist gut, über diese Art von Fragen nachzudenken und die Antworten von Zeit zu Zeit auszusprechen. Wenn Sie jedoch die Wahl haben, leben Sie es den Menschen vor, was Sie meinen, anstatt es ihnen zu erklären.

Sobald Sie einen kraftvollen Pitch formuliert haben, können Sie diesen auf dem Transformations-Canvas notieren (siehe Schritt 1, Seite 37).

> **BEISPIEL**
> **Transformationsvision eines multinationalen Pharmakonzerns**
>
> In einem pharmazeutischen Unternehmen, das weltweit mit einer agilen Transformation beschäftigt ist, laufen die Vision und Dringlichkeit darauf hinaus:
>
> *Wenn wir daran festhalten, Medikamente auf die gleiche Art und Weise zu verkaufen, dann werden wir immer härtere Zeiten erleben. Deswegen werden wir uns in cross-funktionalen Teams organisieren, die unter dem Gesichtspunkt von Transparenz und Inspect & Adapt Wert liefern. Diese Teams werden mit innovativen Werteversprechen experimentieren und diese direkt und schnell bei Patienten und Gesundheitsdienstleistern validieren. Wir glauben, dass wir als Ergebnis dieser Entdeckungsreise die Marktführer auf dem Gebiet der personalisierten Medizin sein wer-*

→

> den. Als Geschäftsführung führen wir diese Veränderung an, indem wir Servant Leadership (dienende Führung) vorleben. Was uns betrifft, gibt es keinen Weg zurück!

Kommunizieren Sie die Botschaft

Es ist am wirkungsvollsten, die Dringlichkeit oft zu wiederholen und in unterschiedlichen Formen zu vermitteln. Das liegt daran, dass jede Person andere Vorlieben hat, Informationen aufzunehmen. Die Dringlichkeit kann auf Postern, Powerpoint-Folien, einem Pitch, mit einem Text im Intranet oder mit einer Videobotschaft herausgearbeitet werden. Da Sie die Botschaft irgendwann selbst träumen können, wird es sich für Sie so anfühlen, als würden Sie vielleicht »überkommunizieren«. Dennoch ist es notwendig, weil die Geschichte im schnelllebigen Alltag immer mehr in den Hintergrund geraten wird. Zudem werden neue Mitarbeiter im Unternehmen anfangen, denen Sie dann wieder die Dringlichkeit nahebringen können.

Alle formellen und informellen Führungskräfte in der Organisation sollen diese Botschaft verbreiten. Erzählen Sie daher eine einheitliche Geschichte, an die die Menschen wirklich glauben, sodass sie sich als Botschafter des Wandels fühlen. Sie wollen, dass die Geschichte im Umlauf bleibt und zu allen möglichen Zeiten präsent ist: auf dem Plakat bei der Kaffeemaschine, während der Retrospektive und während der Jahresauftaktveranstaltung durch den CEO.

Nutzen Sie außerdem die Unterstützung eines Kommunikationsspezialisten oder einer entsprechenden Abteilung, um die Botschaft in verschiedenen Formen zu vermitteln. Vermeiden Sie dabei aber, nur in eine Richtung zu schauen: Hören Sie genau hin, was unter den Mitarbeitern vor sich geht, sodass Sie wissen, wie die Botschaft ankommt und ob Anpassungen nötig sind.

Im Laufe der Zeit wird sich die Geschichte durch Erfolge und Misserfolge weiterentwickeln – teilen Sie diese mit und zeigen Sie, wie man daraus lernen kann, sodass der Wandel in der Kommunikation auch als gutes Beispiel für den Rest der Organisation dient. Nutzen Sie auch hierfür verschiedene Kanäle. Sie können beispielsweise einen Mitarbeiter bitten, einen Gastbeitrag für einen Blog zu schreiben, aber Sie können auch während einer Podiumsdiskussion das Gespräch darauf lenken und dadurch beispielhaftes Verhalten demonstrieren. Auf diese

Weise wird die Geschichte der Dringlichkeit zunehmend durch die Umsetzung der Veränderung in der Praxis bereichert.

> **FALLSTUDIE**
> **Dynamik durch Wichtigkeit und Dringlichkeit, aber trotzdem läuft es gut?**
>
> In einem mittelständischen Unternehmen entstand der Wunsch, viel beweglicher zu werden. Es handelte sich um ein Unternehmen mit Lagerhäusern, die über die ganzen Niederlande verteilt und nahe beim Kunden waren. Die Forderung der Kunden nach Schnelligkeit und Flexibilität wurde immer schwieriger zu erfüllen. Dies war hauptsächlich auf die Zusammenarbeit mit den Abteilungen der Zentrale zurückzuführen. Wenn die Auslieferungen vor Ort etwas entscheiden konnten und durften, dann waren sie schnell und wendig. Sobald jedoch etwas in der Zentrale geändert werden musste, stockte es und ging viel zu langsam. In der Zentrale wurde dies zwar diskutiert, aber die Abteilungen setzten andere Prioritäten. Die erarbeiteten Lösungen adressierten nicht wirklich das Problem, und so weiter. Die lokalen Auslieferungen und ihre Kunden hatten dann das Nachsehen.
>
> Wie kann man das ändern? Darüber wurde während eines Offsite-Meetings mit der Geschäftsführung, den Abteilungsleitern und Betriebsleitern nachgedacht. Agil zu arbeiten schien eine gute Lösung zu sein. Die cross-funktionalen Teams würden sich um die Auslieferungen kümmern, jedoch auch Funktionen aus der Zentrale übernehmen. Dies erforderte eine ganze Menge an Veränderungen – insbesondere in der Zentrale. Die Abteilungen wurden tatsächlich zu Kompetenzgruppen, und vor allem die Abteilungsleiter erkannten, dass sich dadurch viel für sie verändern würde. Aber alle waren sich einig, dass dies im besten Interesse des Kunden war.
>
> An diesem Tag wurde ein umfassender Pitch erarbeitet. Die ganze Gruppe war sich einig: Um das Unternehmen für die Zukunft aufzustellen, mussten sich wirklich Dinge verändern. Wenn nicht, wäre letztendlich das Unternehmen in Gefahr, weil die Kunden zu frustriert wären.
>
> Am Ende des Tages strotzte die Gruppe vor Energie. Alle waren aufgeregt und jeder wollte sofort loslegen! Der Geschäftsführer ergriff noch mal das Wort, um allen zu danken. In seinem Schlusswort wies er darauf hin, dass es dem Unter-

→

nehmen trotz der großen Pläne nicht schlecht gehe. Er wollte alle beruhigen: Das Unternehmen war nicht unmittelbar in Gefahr. Es gab ein jährliches Wachstum von mehreren Prozent, ein Konkurrent war gerade in Konkurs gegangen, sodass das Geschäft sowieso wieder wachsen würde. Er betonte, dass vor allem bei den Mitarbeitern keine Ängste geweckt werden dürfe, weil alles gut laufe. Kein Grund zur Panik.

Bei den letzten Worten sah und fühlte man die Energie in der Gruppe verpuffen. Alles sackte wie ein Wackelpudding zusammen. Warum dann verändern? Der Geschäftsführer möchte das nicht. Seiner Aussage nach läuft doch alles prima, oder?

Während der Evaluierung wurde mit dem Geschäftsführer persönlich darüber gesprochen. Er war sich nicht bewusst, dass seine Worte kontraproduktiv waren. Er wollte lediglich verhindern, dass Panik verbreitet würde und die Mitarbeiter Angst um ihre Arbeitsplätze haben oder vielleicht sogar gehen würden. Ihm wurde bewusst, dass für die Veränderung wirklich jeder Einzelne nötig war. Als Berater haben wir dann auch auf uns selbst geschaut. Trotz aller Vorbereitungen für den Tag hatten wir den Geschäftsführer nicht ausreichend vorbereitet. Unser Ansprechpartner war der Betriebsleiter, und aufgrund seines Enthusiasmus hatten wir den Geschäftsführer erst am Tag des Offsite-Meetings richtig wahrgenommen. Seine Worte waren also auch für uns eine Überraschung. Wir hätten unsere Arbeit viel besser machen können.

Los geht's

Wenn Sie nun mit einem Transformationspitch loslegen, dann denken Sie an die folgenden konkreten Schritte:

- Formulieren Sie den Transformationspitch wörtlich aus.
- Überprüfen Sie, ob der Pitch die folgenden Fragen beantwortet:
  - Was ist das Problem, das wir lösen wollen?
  - Warum wollen wir es jetzt lösen?
  - Warum ist eine agile Transformation dafür die Lösung?
  - Wo werden wir landen?
  - Was ist Ihr persönliches Versprechen bei dieser Transformation?
  - Was verlangen Sie von den anderen Mitgliedern in der Organisation?
- Stellen Sie sicher, dass alle Führungskräfte die Geschichte der Transformation persönlich und authentisch erzählen können.
- Kommunizieren Sie über verschiedene Kanäle.
- Wiederholen Sie den Pitch immer wieder.

8 SCHRITT 4 – Durchführung der Transformation: Erstellen Sie eine Skizze

Einleitung

Die »Konstruktionsskizze« ist eine erste Zeichnung, wie die Organisation nach der agilen Transformation aussehen wird. Es sind lediglich die Umrisse der Organisation, d. h., wie diese aufgebaut werden könnte. Es handelt sich ausdrücklich nicht um eine Blaupause, nicht um eine detaillierte Aufzeichnung mit neuen Funktionen und einem Organigramm, auf dem Namen und Rollen bereits eingetragen sind. Manche sprechen daher auch von einer »Kohlezeichnung«. Die Skizze ist eine erste Visualisierung, die zeigt, wie die neue Organisation aufgebaut wird, um schnell Wert zu liefern. Sie bietet eine Vorschau in die Zukunft und hilft dabei, die ersten Schritte zu unternehmen. Damit ist ausreichend Struktur vorhanden, um die detaillierte Ausgestaltung der Organisation im laufenden Prozess zu erkennen. Während der Transformation wird die Skizze auf Grundlage konkreter Ergebnisse ausgearbeitet und angepasst, wenn die Erfahrung zeigt, dass das notwendig ist. Von daher handelt es sich um eine »Skizze«.

Warum eine Skizze erstellen?

Wie in Schritt 2 (Seite 49) beschrieben, ist es gut zu wissen, woher man kommt. Aber vielleicht ist es sogar noch besser zu wissen, wo man ungefähr hinwill: Wie wird die Organisation aussehen? Es ist jedoch schwierig – wenn nicht gar unmöglich –, zu Beginn der Transformation ein eindeutiges finales Bild zu zeichnen. Am Anfang weiß man am wenigsten, somit ist die Chance, dass man dann bereits einen perfekten Bauplan erstellen kann, äußerst gering. Machen Sie daher zunächst eine grobe Skizze, die ausreicht für den Start und in der die Details während der Transformation ausgefüllt werden können. Diese Skizze hat vier Ziele.

ZIEL 1: Richtung geben

Eine Transformation bringt eine Menge Unsicherheit mit sich. Mitarbeiter fragen sich, was von ihnen erwartet wird, wie ihre Zukunft aussehen wird und ob es für sie noch Arbeit geben wird. Eine gute Skizze muss daher deutlich genug sein, sodass sich alle Beteiligten ein Bild von ihrem Platz in der neuen Organisation machen können. Aber die Skizze muss vage genug sein, um Raum zu lassen, die Vision auf unterschiedliche Weise zu implementieren und herauszufinden, was funktioniert und was nicht, ohne gleich wieder eine neue Skizze erstellen zu müssen.

> *Durch die Anwendung von Gestaltungsprinzipien können Detaildiskussionen über die genaue Implementation noch kurz zurückgestellt werden.*

Wegen der Einfachheit ist so eine Skizze auf jeder Ebene der Organisation relativ leicht zu erklären. Durch die Anwendung von Gestaltungsprinzipien können Detaildiskussionen über die genaue Implementation noch kurz zurückgestellt werden, ohne dass dies sofort zu Unruhe oder Widerstand führt. Die Denkweise wird über diese Prinzipien vermittelt, sodass die Mitarbeiter ungefähr einschätzen können, wie zukünftige Entscheidungen getroffen werden.

ZIEL 2: Inspirieren

Eine gute Skizze ist inspirierend. Die Skizze ist nicht nur eine Zeichnung der Organisation, wie diese »sein kann«, sondern bietet auch eine Vision, skizziert ein Traumbild, inspiriert, motiviert und fordert heraus. Die Skizze zeigt, wie die Organisation auf radikal andere Weise in die Zukunft schreitet, und das Ganze wird noch mit einer klaren und inspirierenden Geschichte unterstützt. Die Skizze zusammen mit der unterstützenden Geschichte vermittelt so ein Bild davon, was die Organisation leisten kann, und verdeutlicht die positiven Auswirkungen für Kunden und Mitarbeiter. Auf diese Weise trägt die Skizze zur Motivation und Beteiligung der Mitarbeiter bei, bietet Hoffnung, Halt und einen Traum für eine fruchtbare, erfolgreiche Zukunft.

ZIEL 3: Bestehende Muster aufbrechen

Der vielleicht schwierigste Teil einer Veränderung besteht darin, vorhandene Strukturen und Muster aufzubrechen Die Skizze bietet die Gelegenheit, einen frischen Blick auf die Organisation zu werfen und sich von Beschränkungen der gegenwärtigen Situation, so wie sie in der Vergangenheit entstanden sind, zu befreien. Jede heutige Organisationsform hat Defizite, mit denen sich jeder mehr oder weniger arrangiert hat, aber mit denen man täglich konfrontiert wird.

Fragen Sie mal beliebige Mitarbeiter, was das größte Problem der Organisation ist. In den Antworten werden bald gewisse Grenzen der heutigen Organisation zum Vorschein kommen. In der Skizze ist noch alles möglich und man kann sich radikal (neu) organisieren. Sie können die Ursache der aktuellen Einschränkungen, unter denen die Organisation ständig leidet, beseitigen. In der Regel geht es dabei um Schnelligkeit, mangelnde Klarheit oder unzureichende Sicht auf den Kunden. Vor dem Hintergrund, dass sich eine agile Transformation um schnelles Feedback, Learning by Doing und den Fokus auf den Kunden dreht, wird die Skizze sofort aufzeigen, dass dort wesentliche Veränderungen zu erwarten sind. In der Skizze ist es einfacher, den Fokus auf den Kunden zu richten, als von den bestehenden Strukturen ausgehend zu denken. Von daher sprechen wir auch von einer Skizze; die Details um das Wer, Was, Wann und Wie sind noch nicht ausgefüllt. Im Mittelpunkt einer agilen Transformation stehen selbstorganisierte Teams, die direkt an der Realisierung von Kundennutzen beteiligt sind.

ZIEL 4: Unterstützung beim Start

Das letzte Ziel der Skizze ist es, dafür zu sorgen, dass es in der Organisation ausreichend Unterstützung gibt, um mit der Arbeit zu beginnen. Hierbei geht es oft um finanzielle Mittel zur Umsetzung der Veränderung. Ohne eine Skizze, die verdeutlicht, was die Transformation bringen wird, ist es in vielen Organisationen unmöglich, Veränderungsprozesse zu starten. Es ist schwierig, ein großes Budget freizugeben, wenn nicht vermittelt werden kann, worauf hingearbeitet wird und was es bringen wird. Berücksichtigen Sie also diesen Informationsbedarf.

Neben der Dringlichkeit (Schritt 3, Seite 61) und der Roadmap (Schritt 6, Seite 97) hilft die Skizze, dass sowohl Mitarbeiter als auch der Vorstand hinter der Veränderung stehen.

> *Ohne eine Skizze, die verdeutlicht, was die Transformation bringen wird, ist es in vielen Organisationen unmöglich, Veränderungsprozesse zu starten.*

Das ist nämlich kein Automatismus. Viele Transformationen werden von anderen hierarchischen Ebenen als dem Vorstand heraus initiiert. Aber der Vorstand, die Geschäftsführung, der Aufsichtsrat etc. sind entscheidend, um eine agile Transformation erfolgreich durchzuführen. Viele Transformationen führen nicht zu einer grundlegenden und verankerten Veränderung, weil auf einer hohen Ebene in der Organisation das Bild der endgültigen Organisationsform zu stark abweicht. Eine erfolgreiche Transformation zu einer agilen Organisation bedarf der Unterstützung und des Mandats auf höchster Ebene. Dafür kann man die Skizze sehr gut verwenden, ebenso wie die dazugehörigen Gestaltungsprinzipien.

Wie erstellt man eine Skizze?

Aktionsplan zur Erstellung der Skizze

Die Erstellung der Skizze erfolgt im Zusammenwirken untereinander, ergänzt mit Wissen und Erfahrung von außerhalb der Organisation. Dies lässt sich mit folgenden Maßnahmen erreichen:

MASSNAHME 1: Erstellen Sie eine Übersicht über Kundengruppen und Produkte

Bei Ihrer Skizze wollen Sie so viel wie möglich von außen nach innen argumentieren. Nicht die eigene Organisation steht im Vordergrund, sondern die Kunden, an die Wert geliefert wird oder geliefert werden soll.

Daher funktioniert es gut, am Anfang eine Übersicht der Kunden zu erstellen. Wer sind unsere Kunden und wie unterscheiden sie sich voneinander? Können sie gruppiert werden, z.B. nach Größe, Regionen, Märkten und gewünschtem Serviceniveau?

Diese Kunden werden mit bestimmten Produkten und Dienstleistungen bedient. Indem diese ebenfalls abgebildet und mit der Kundenübersicht verknüpft werden, erhält man Aufschluss über die Zusammenhänge. Auf diese Weise wird immer deutlicher: Was liefern wir eigentlich und warum enthält es einen Mehrwert?

Zum Schluss muss die Kundenreise transparent gemacht werden. Kunden haben in verschiedenen Phasen ihres Lebens sehr unterschiedliche Bedürfnisse und eine andere Bindung an die Marke. So sind z. B. Banken auf eine Reihe großer Lebensereignisse ihrer Kunden ausgerichtet: das erste Konto, Studium, Baufinanzierung und Altersvorsorge. Teams und Abteilungen können sich rund um diese Kundenreise oder bestimmte Kundengruppen herum bilden.

Gehen Sie bei der Erstellung einer solchen Übersicht so konkret wie möglich vor und beziehen Sie das komplette heutige Portfolio mit ein. Möglicherweise erkennen Sie Ähnlichkeiten im Portfolio, das für mehrere Kunden geliefert wird. Das ist ein wertvoller Input für den Aufbau einer idealen Organisationsstruktur (siehe nächste Fallstudie).

Das Erstellen von Kunden- oder Wertströmen, um sich daran dann auszurichten, wird auch »Customer Journey Mapping« oder »Value Stream Mapping« genannt.

FALLSTUDIE
Viel doppelte Arbeit bei den Produkten

Bei einer staatlichen Organisation wurde in einer Reihe von vier Workshops zur Wertschöpfungskette ermittelt, welche Kunden mit welchen Produkten unterstützt werden. Dabei zeigte sich, dass viele wertschöpfende Schritte oft in bis zu fünf oder sechs Produkten ausgeführt wurden. Das war historisch durch verschiedene Gesetzesänderungen begründet.

Da jedes der ca. 40 Produkte gewartet werden musste und eine Schnittstelle zu anderen Produkten hatte, war die Komplexität der Organisation gewachsen. Um diese Organisation effektiver für die Zukunft aufzustellen, war es notwendig, die Art und Weise der Kundenwertschöpfung zu überdenken, sodass die Teams in einer neuen Konstellation die Möglichkeit bekommen, die Produktlandschaft schrittweise zu vereinfachen.

MASSNAHME 2: Erstellen Sie eine Liste von Gestaltungsprinzipien

Neben der Übersicht über Kundengruppen und Produkte hilft es auch, sich auf Gestaltungsprinzipien zu einigen. Diese unterstützen dabei, Antworten auf Fragen zu finden, die sich bei der Umsetzung der Skizze in der Praxis stellen. In einem oder mehreren Workshops kann eine Liste an Prinzipien erstellt werden, die dann im laufenden Prozess aktualisiert werden können.

Es gibt einige Gestaltungsprinzipien, die auf der Hand liegen oder vielleicht sogar selbstverständlich oder notwendig in einer agilen Transformation sind. Es geht bei einer agilen Organisation um Schnelligkeit, um die Fähigkeit, schnell reagieren zu können, schnell Entscheidungen zu treffen. Daher stellt die Autonomie der Teams oft ein Prinzip dar. Sie können dies folgendermaßen formulieren: Die Skizze besteht vollständig aus cross-funktionalen Teams, die autonom und durchgängig für ihre Kunden arbeiten können. Ein sich daraus ergebendes zweites Prinzip wäre dann: Die Wertschöpfungskette für Kunden steht immer im Mittelpunkt; die internen Abteilungen sind ihr untergeordnet und wir wollen sie zukünftig als Kompetenzbereiche betrachten. Das dritte Gestaltungsprinzip, das häufig angewendet wird, besteht darin, dass jeder eine »Sicht« auf den Kunden hat. Die Teams können sehen, welche Wirkung sie auf den Kunden haben. Und vielleicht können Kunden auch sehen, welchen Einfluss ihr Feedback auf die Organisation hat. Wenn man (zu) weit vom Kunden entfernt ist und kein Feedback mehr zu dem erhält, was man liefert, dann verliert man die Fähigkeit, Anpassungen vorzunehmen und Kundenwert zu liefern.

Es sind noch weitere Gestaltungsprinzipien denkbar, wie z. B.: Mitarbeiter können im Hinblick auf eine Fokussierung nur Teil eines Teams sein; Teams bedienen eine bestimmte Region oder eine bestimmte Kundengruppe; es gibt eine gesunde Verteilung von Seniorität in jedem Team.

Erstellen Sie eine Liste von Prinzipien und bringen Sie sie in eine Reihenfolge. Welches Prinzip wiegt schwerer? Diese Liste mit Gestaltungsprinzipien hilft Ihnen beim Erstellen der Skizze.

FALLSTUDIE
Die Skizze gibt Klarheit, aber wann ist sie doch anzupassen?

Eine mittelgroße Organisation ließ sich für die Skizze vom Spotify-Modell inspirieren und entwarf eine Matrixorganisation. Cross-funktionale Squads wurden gebildet, um einen direkten Kundennutzen zu erzielen. Für Mitarbeiter mit (fast) derselben Expertise wurden Chapter erstellt. Nicht jeder wurde einem Squad zugeordnet, aber jeder wurde Teil eines Chapters. Alle Squads und Chapter fingen an, mit Scrum zu arbeiten.

Diese Skizze kam durch ein Vorprojekt zustande, bei dem Mitarbeiter aus verschiedenen Bereichen der Organisation in Form von Design-Sprints beteiligt waren. Dies führte zu einer großen Unterstützung der Skizze, obwohl die Transformation mit vielen Entlassungen von Kollegen einherging. Es gab nämlich ein breites Bewusstsein für die Dringlichkeit der Transformation.

Anschließend wurde die Skizze umgesetzt. Der Großteil der Mitarbeiter konnte in neuen Teams in derselben oder manchmal in einer anderen Position arbeiten. Diese Teams wurden mit Trainings und Coachings unterstützt. In den ersten Wochen wurden viele Lektionen gelernt: z.B., dass Mitarbeiter, die in zwei Squads und einem Chapter eingeteilt waren, Schwierigkeiten hatten, sich zu fokussieren. Eigentlich keine Überraschung: Manchmal muss man es aber erst selbst erleben, bevor man Änderungen vornehmen kann.

Eine andere Lektion war, dass Scrum für manche Teams besser passte als für andere Teams. Genauer gesagt stellten die Teams fest, die vor allem operativ arbeiteten, dass sie eigentlich aus mehreren Unterteams bestanden. Nach und nach wurde die – anfangs einheitliche – Arbeitsweise u.a. mit Techniken aus Kanban individuell an die Arbeitsweise der jeweiligen Teams angepasst. Wiederum andere Teams entdeckten, dass ihre Produktdefinitionen anders aussehen müssten. Dies wurde mit anderen Teams abgestimmt und die Teamnamen wurden entsprechend angepasst.

Die Skizze, inklusive der Gestaltungsprinzipien, hat Klarheit darüber geschaffen, wie die Organisation aussehen soll. Dadurch konnte die Veränderung zügig umgesetzt werden. Zusätzlich konnten bei der Implementierung wichtige Lektionen gelernt werden. Die Kunst besteht darin, für jedes Team maßgeschneiderte Lösungen zu finden, ohne dass es dazu führt, dass zu viel beim Alten

> bleibt. Kontinuierliche Veränderung und eine lernende Organisation entstehen nur dann, wenn ein funktionierendes Gleichgewicht gefunden wird aus Festhalten an der Skizze und davon abweichen, wo es nötig ist.

MASSNAHME 3: Erstellen Sie mehrere Skizzen

Auf der Grundlage der oben genannten Maßnahmen können wir nun eine erste Skizze erstellen. Hierbei entscheiden wir uns für einen pragmatischen Ansatz. Teilen Sie die Gruppe, die für die Transformation verantwortlich ist – oft ist es das Managementteam oder das Transformationsteam – in kleine Gruppen mit jeweils drei oder vier Personen auf. Mit einem Flipchart oder Whiteboard bewaffnet, können sie pro Gruppe mit dem Erstellen beginnen. Wählen Sie hierfür eine Umgebung, die einerseits inspirierend ist und in der andererseits die Teilnehmer nicht durch die alltägliche Hektik abgelenkt werden.

Aber was zeichnet man dann? Für die Skizze ist es nicht nötig und oft auch nicht durchführbar, auf Teamebene zu arbeiten. Wir setzen dann auch oft Teams ein, die gemeinsam an einem Produkt arbeiten, die einen gemeinsamen Schwerpunkt haben, die gemeinsam einen Wert liefern können – die Wertschöpfungskette. Wir betrachten somit nicht nur die Aktivitäten, die erforderlich sind, um Wert zu liefern, sondern nehmen auch die Menschen in der Wertschöpfungskette mit, die für diese Schritte benötigt werden. So entstehen kleinere, autonome Gruppen, die schnell auf die Bedürfnisse des Kunden reagieren können.

Ausgangspunkt für diese Skizzen sind die Kundengruppen und Produkte aus Maßnahme 1. Sie können wählen, ob Sie vom Kunden oder von den Produkten aus starten. Indem Sie mehrere Skizzen erstellen und diese gegenseitig präsentieren, können die Vor- und Nachteile gesammelt werden. Manchmal gelingt es, zu einer gemeinsamen Skizze zu kommen, auch wenn die Vor- und Nachteile weit auseinander liegen. Es ist sinnvoll, die Vor- und Nachteile mit den Gestaltungsprinzipien in Beziehung zu setzen: Inwieweit berühren sie diese? Oft sind mehrere Versuche nötig, um zu einer Skizze mit einer passenden Geschichte zu gelangen. Das ist in Ordnung und gehört zum Prozess. Versuchen Sie also gar nicht erst, in einem Workshop alles zu erreichen. Arbeiten Sie mit Iterationen von einer halben Stunde, lassen Sie die Gruppen voneinander lernen und sich gegenseitig inspirieren.

SCHRITT 4 – Durchführung der Transformation: Erstellen Sie eine Skizze

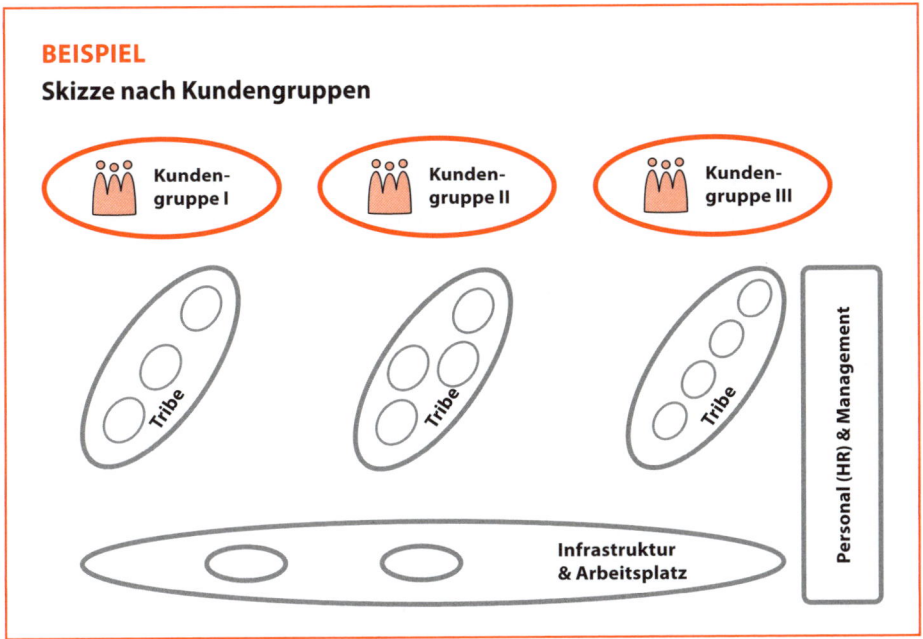

BEISPIEL
Skizze nach Kundengruppen

Die Organisation zu zerschneiden bedeutet, dass man wahrscheinlich auch irgendwo wieder etwas zusammenfügen muss. Denken Sie z.B. an Maßnahmen, um die Kenntnisse und das Wissen der Marketingfachleute, die nicht mehr direkt zusammenarbeiten, zu erhalten. Erstellen Sie eine separate Liste der erwarteten »Schnittverlusten«. Versuchen Sie zu vermeiden, einen perfekten Plan ohne Schnittverluste zu erstellen, sonst berauben Sie sich Ihrer Freiheit zum Experimentieren.

MASSNAHME 4: Präsentieren, probieren und anpassen

Die letzte Aktion ist das Einholen von Feedback. Manche Organisationen erstellen hierfür eine Präsentation mit der Skizze, die in Form von Blöcken, Kreisen und Pfeilen dargestellt ist. Andere präsentieren die erste Zeichnung direkt vom Moderationswandpapier. Das Transformationsteam und das Managementteam müssen zusammen mit einer Geschichte nach draußen gehen – mit einer Vision über die zukünftige Organisation und welche Ergebnisse von dieser Organisation erwartet werden. Erleichtern Sie in diesem Schritt den Dialog mit den Mitarbeitern, um Unterstützung zu schaffen, beantworten Sie Fragen so weit wie möglich auf Grundlage der Gestaltungsprinzipien und experimentieren Sie mit neuen Versionen der Skizze.

FALLSTUDIE

Die Skizze als bestgehütetes Geheimnis des Transformationsteams

Eine mittelgroße Organisation mit Schwerpunkt Datenverarbeitung startete vor rund einem Jahr mit dem Wunsch nach einer organisationsweiten agilen Transformation. Anfangs richtete sich die Transformation auf die Neugestaltung von Prozessen und Teams. Für das Transformationsteam war klar, dass die derzeitige Aufstellung der Organisation in keinem Fall der gewünschten Situation entsprach, also fing man energisch an, an einer neuen Organisationsstruktur zu arbeiten. Schrittweise, da es zweifelsohne noch viel zu lernen gab.

Eine Zeit lang verlief die Transformation reibungslos, so schien es zumindest. Aber nach einer Weile schlug die Stimmung in der Organisation um. Warum war es überhaupt notwendig, Abteilungen und Teams auf den Kopf zu stellen? Es war doch gut so? Die Skizze, die in den Köpfen des Transformationsteams gut verankert war, schien in der Organisation kaum bekannt zu sein. Ganz zu schweigen davon, dass die Skizze von anderen unterstützt wurde.

Das Transformationsteam beschloss, die Skizze in Zusammenarbeit mit den Mitarbeitern zu erstellen. Hier einige Zitate von den Beteiligten:

»Mit unserer Vision für 2025 im Hinterkopf – was wir bis dahin erreicht haben wollen und was das unserer Meinung nach für die Organisationsstruktur bedeuten würde – erstellten wir eine Bleistiftskizze – wortwörtlich –, wie unsere Organisation aussehen könnte. Indem wir offene Meetings mit allen Mitarbeitern organisiert haben, wurde die Transformation auf einmal sehr lebendig und es löste viele Reaktionen aus, sodass die Beteiligung sehr viel größer wurde.«

»Eine Bleistiftskizze ist nützlich und gibt eine Richtung vor, ist aber auch wenig konkret. Die Mitarbeiter wollen doch schnell wissen, wo ihr Platz ist oder sein wird. Die Bleistiftskizze führte daher auch zu etwas Unruhe. Dadurch, dass in dem Prozess klar war, wie man zu mehr Details kommen würde, wurde die Lösung zwar nicht konkreter, aber jeder wusste viel besser, wo er oder sie stand. Und das führte wiederum zu Ruhe.«

Vielleicht hätte sich die Organisation Zeit sparen können, wenn sie direkt mit der Skizze gearbeitet hätte. Der Lerneffekt stellt jedoch auch einen großen Wert dar. Es ist nie zu spät, mit der Arbeit an einer Skizze zu beginnen. Sie kann auch ein Mittel sein, um die Dringlichkeit und die Strategie wieder in den Vordergrund zu rücken und Unterstützung für die Transformation zu schaffen.

Fokus auf Kunden oder Produkte oder ...?

Teams brauchen einen klaren Fokus, eine Identität, sie »gehören irgendwo dazu«. Es ist sinnvoll, sich hierbei zu entscheiden, ob man primär Richtung Kundenfokus oder Produktfokus geht, um den größten Mehrwert zu schaffen. Als Bank kann man sich beispielsweise dafür entscheiden, die Teams entlang der Produkte zu organisieren: Rente, Baufinanzierung etc. Oder man entscheidet sich für einen bestimmten Kundenfokus auf der Grundlage der Bedürfnisse der verschiedenen Kunden. Dies kann die bekannte Einteilung sein: Großkunden, KMU und Privatpersonen. Immer häufiger sehen wir auch eine Einteilung nach Lebensphasen, z.B. »meine erste Wohnung kaufen« oder »früher in Rente gehen«.

Man kann sich auch für einen Produktfokus entscheiden. Diese Wahl bietet sich beispielsweise an, wenn die Organisation weiterhin auf dem Markt um das qualitativ beste Produkt zum besten Preis konkurrieren wird. Wenn die Organisationsstrategie nichts explizit vorgibt, dann wählen Sie die naheliegendste Strategie und den entsprechenden Fokus.

Können manche Teams einen internen Fokus haben?

Kunden sind Benutzer eines Produktes oder einer Dienstleistung, für die sie bezahlen. Oft gibt es in Organisationen Abteilungen oder Teams, die nach intern fokussiert sind und die Kollegen als Kunden betrachten. Denken Sie beispielsweise an eine Infrastrukturabteilung oder auch an das Rechnungswesen und Debitorenmanagement. Diese Abteilungen liefern zwar auch Dienstleistungen und Produkte, aber nicht direkt an zahlende Kunden außerhalb der Organisation.

Wenn Sie als Organisation Teams zusammenstellen, die für einen internen Kunden arbeiten, dann bilden Sie eigentlich Komponententeams. Diese Teams können nicht unabhängig voneinander Kundennutzen liefern, so wie wir es uns in einer agilen Organisation wünschen würden – siehe dazu auch das zuvor erwähnte Gestaltungsprinzip der Autonomie von Teams. Es kann aber Gründe geben, sich dennoch dafür zu entscheiden.

Es ist hilfreich, sich bei diesen Komponententeams auf folgenden Fragen zu konzentrieren:

- Wie sieht die gesamte Wertschöpfungskette aus und wie trägt das Team messbar zu dem Erfolg bei?
- Welche Maßnahme garantiert, dass die Dienstleistung oder der Service angemessen und marktrelevant bleibt?
- Ist es effektiver, maßgeschneiderte Lösungen durch ein separates Team erarbeiten zu lassen?
- Wie könnte das Team sicherstellen, dass die anderen Teams unabhängig Wert liefern?
- Kann sich das Team dadurch selbst überflüssig machen?
- Was würde passieren, wenn wir das Produkt dieses Teams auch außerhalb der eigenen Organisation vermarkten würden?

Wie geht man mit den heutigen Engpässen und Einschränkungen um?

Das ist vielleicht die größte Herausforderung beim Erstellen einer Skizze. Die heutigen Engpässe einer Organisation sind so offensichtlich, dass es schwierig ist, sie zu ignorieren und die optimale Lösung zu finden. Es ist hilfreich, jemanden von außerhalb der Organisation einzuladen, um diese Selbstverständlichkeiten immer wieder infrage zu stellen.

Die Skizze beschreibt eine gewünschte Situation, in der man davon ausgeht, dass Engpässe aufgelöst werden können.

> **FALLSTUDIE**
> **Und doch ein nicht cross-funktionales Team in der Skizze**
>
> In einer mittelgroßen Organisation entschied man sich während der Erstellung der Skizze unter anderem für cross-funktionale Teams als Gestaltungsprinzip. Bei einer der Skizzen wurde deutlich, dass doch eines der Teams aus Mitarbeitern des gleichen Fachbereichs gebildet worden war. Auf Nachfrage stellte sich heraus, dass das Team aus vielen Junior-Entwicklern bestand; man war der Meinung, dass diese nicht unabhängig in einem cross-funktionalen Team arbeiten konnten. Diese Annahme zu hinterfragen, ist sehr schwierig, wenn man sich mitten in der Organisation befindet. »Fremde Augen« können helfen, diese Art von Annahmen sichtbar zu machen.

Es kann helfen, eine Liste der Engpässe zu erstellen, die der idealen Skizze entgegenstehen. Diese Liste kann später benutzt werden, um festzustellen, ob die Auflösung der Engpässe realistisch ist oder ob man sich doch anderweitig entscheiden sollte.

In der Praxis scheint es so, dass die Grenze dort liegt, wo im aktuellen Kontext das maximal Erreichbare gesehen wird. Der Ausgangspunkt in dieser Phase ist jedoch das Skizzieren der Struktur, so als ob Sie jetzt beginnen würden. Stellen Sie sich mit allem, was Sie heute wissen, und mit ausreichenden Ressourcen die Frage: Wie würde die effektivste Ausgestaltung aussehen? Nicht direkt die effizienteste, das kommt später – der Fokus liegt zunächst auf Effektivität. Es muss erst einmal funktionieren.

Kann man nicht einfach ein Modell kopieren?

Die einfache Antwort ist nein. Dennoch werden Organisationsmodelle von anderen Unternehmen regelmäßig kopiert. So ist beispielsweise die Struktur, die im bekannten YouTube-Video von Spotify gezeigt wird, eine Inspiration für viele große Organisationen.

Auch das Modell in SAFe® wird oft als neues Organisationmodell eingesetzt. Dies kann an sich schon als Ausgangspunkt dienen, aber dieser Ansatz birgt drei Risiken.

Erstens wird die Einführung des Modells sehr schnell zum Selbstzweck. Es wird zwar untersucht, wie die bestehende Organisation anders eingeteilt werden kann, aber es wird nicht der eigentliche Zweck dieser Neugestaltung betrachtet. Abgesehen von der Umverteilung des Mandats zwischen den neuen Rollen bleibt die Organisation in der Regel weitgehend dieselbe wie zuvor.

Das zweite Risiko ist das Missverständnis über die Anwendbarkeit der sogenannten Modelle. Zum Beispiel war die Arbeitsweise, die Spotify in dem YouTube-Video zeigt, zu dem gegebenen Zeitpunkt richtig für dieses Unternehmen. Die Chance, dass jedes andere Unternehmen die gleiche Organisationsform braucht, um erfolgreich zu sein, ist gleich null. Die Frage ist schließlich nicht: »Welches Modell brauchen wir?«, sondern: »Was brauchen unsere Kunden und welche Organisationsform passt dazu?« Tatsächlich sind nach Spotifys eigener Aussage derzeit nur 30 Prozent des Unternehmens nach dem »Spotify-Modell« aufgebaut. Der Rest der Organisation hat eine klassische Ausgestaltung.

Darüber hinaus war es auch nie die Absicht von Spotify, ein allgemeines Organisationsmodell einzuführen. Es ist bekannt, dass man bei Spotify selbst inzwischen viele Anpassungen an dieser Arbeitsweise vorgenommen hat. Auch für das SAFe®-Framework gilt, dass in den letzten Jahren viele Anpassungen gemacht wurden, um die verschiedenen Probleme anzugehen, die in der Praxis auftreten.

Hier zeigt sich das dritte – und größte – Risiko: das Unterschätzen der agilen Organisation selber. Das Ziel der Transformation ist sicherlich nicht, einmalig eine erfolgreiche Struktur einer anderen Organisation aufzubauen. Wir passen die Struktur der Organisation so oft wie nötig an. Eine agile Transformation als eine einmalige Reorganisation hin zu einer neuen Struktur zu betrachten, ist somit eines der größten Missverständnisse über eine Transformation selbst.

Eine agile Transformation als eine einmalige Reorganisation hin zu einer neuen Struktur zu betrachten, ist somit eines der größten Missverständnisse über eine Transformation selbst.

Es gibt große Organisationen, die ihre Struktur und Teamzusammenstellung kontinuierlich organisch verändern. Bol.com ist dafür ein gutes Beispiel. Mit ihrer Spark-Methode – basierend auf den Prinzipien der Holokratie – organisiert sich das Unternehmen kontinuierlich in Kreisen aus Personen, die zu diesem Zeitpunkt den richtigen Wert zu diesem Kreis hinzufügen können.

Eine agile Transformation ist von Anfang bis Ende harte Arbeit; es funktioniert nicht, Abkürzungen zu nehmen. Das Ziel der Transformation ist eine anpassungsfähige und flexible Organisationsform, die den Kunden in den Mittelpunkt stellt, sodass sich jede Entscheidung daran orientiert, dass sie größere Wirkung für den Kunden erzeugt.

Das Erstellen der Skizze betrifft eigentlich die Organisationsvision und gehört daher zum Aufgabenbereich des Managements der Organisation, das sich auch für diesen Schritt verantwortlich zeigt. Erst wenn die Vision getestet und Lösungen erarbeitet werden, kommen andere Beteiligte ins Spiel. Um zu verhindern, dass bestehende Einschränkungen die Skizze beeinflussen, ist es sinnvoll, diesen Schritt von einem (externen) Moderator begleiten zu lassen.

Los geht's

Wenn Sie nun mit dem Erstellen der Skizze starten, dann denken Sie an die folgenden konkreten Schritte:

- ❐ Legen Sie fest, welche Kunden und welche Produkte Sie in die Skizze aufnehmen wollen.
- ❐ Bestimmen Sie die Gestaltungsprinzipien, die für Ihre Organisation wichtig sind.
- ❐ Erstellen Sie mehrere Skizzen als Ausblick.
- ❐ Ermitteln Sie die Vor- und Nachteile der verschiedenen Skizzen und gleichen Sie diese mit den Gestaltungsprinzipien ab.
- ❐ Präsentieren Sie allen Beteiligten die Skizze; passen Sie die Skizze gegebenenfalls an.
- ❐ Teilen Sie die Skizze, sodass jeder sie kennt.
- ❐ Lassen Sie die Skizze vom Management kommen.

9 SCHRITT 5 – Durchführung der Transformation: Legen Sie die Veränderungsstrategie fest

Einleitung

Jetzt, da die Dringlichkeit der Veränderung klar geworden und die Skizze erstellt ist, stellt sich die Frage, welchen Weg die Organisation einschlagen will, um dieses Ziel zu erreichen. Sprich, wie sieht die Veränderungsstrategie aus? Wollen wir mit einem kleinen Experiment beginnen und zuerst daraus lernen? Oder wollen wir die Struktur sofort organisationsweit ändern? Beinhaltet das auch eine Reorganisation? Wie erreichen wir die erwünschten Ergebnisse, von denen die Außenwelt wirklich etwas merkt? Solche Fragen werden in diesem Kapitel behandelt.

Warum eine Veränderungsstrategie festlegen?

Sich auch in Bezug auf die Veränderungsstrategie zu entscheiden, führt zu Klarheit und Handeln. Sie wollen nicht durch mögliche Ansätze, aus denen Sie wählen könnten, gelähmt werden, sondern Sie wollen sich entschlossen an die Arbeit machen. Auf diese Weise können Sie auch eine klare Geschichte innerhalb der Organisation und an andere Interessengruppen kommunizieren.

Jede Veränderungsstrategie hat Vor- und Nachteile. Indem man eine klare Wahl trifft, werden auch die Risiken deutlich, sodass entsprechende Maßnahmen ergriffen werden können und die Erfolgschancen steigen.

> **FALLSTUDIE**
> **Nach einem Jahr des Nachdenkens klein anfangen**
>
> Eine große Organisation beschloss während einer Transformation recht schnell, wie sich die zukünftige IT-Abteilung am besten in die aktuelle Organisation des Fachbereichs einfügen könnte. Es würde sicherlich von allen Parteien Änderungen erfordern, aber »das wird alles schon funktionieren«. Die Frage, welche Veränderungsstrategie gewählt werden sollte, kam nicht zur Sprache. Es kam jedoch eine theoretische Diskussion auf, in der verschiedene andere Unsicherheiten zum Vorschein kamen. Viele Diskussionen drehten sich um »was wäre, wenn« und »angenommen, dass«.
>
> Ein Jahr später gab es nur eine umfangreiche Präsentation mit theoretischen Antworten auf alle möglichen Szenarien. Nach dem Neustart der Veränderung – mit der bewussten Strategie: klein und mit den Teams beginnen – waren die ersten IT-Teams innerhalb eines Monats in die Fachabteilungen integriert, und der Wandel war spürbar. Lange ohne Kenntnisse und Erfahrung nachzudenken, ergibt keinen Sinn. Dann ist das »Tun« ein viel besserer Ausgangspunkt.

Wie bestimmt man die Veränderungsstrategie?

Berücksichtigen Sie die bestehende Kultur und die externe Dringlichkeit

Bei der bewussten Entscheidung für eine Veränderungsstrategie empfiehlt es sich, die bestehende Kultur zu berücksichtigen. Diese zeigt ich in jeder Organisation und sogar in jeder Abteilung anders. Die Kultur beeinflusst Fragen wie: Welche Veränderungsstrategie passt am besten? Welche Veränderungsgeschwindigkeit ist realistisch? Wenn alles gut läuft, dann hat die Analyse (Schritt 2, Seite 49) bereits einen guten Einblick in diese Fragestellung gegeben.

Darüber hinaus wird die Dringlichkeit der Veränderung (Schritt 3, Seite 61) Einfluss auf die Veränderungsstrategie haben.

Viele erfolgreiche Transformationen haben genau diese positive externe Dringlichkeit gebraucht, um die Transformation nach dem Start in Gang zu halten.

Wenn beispielsweise die Relevanz der Organisation rapide abnimmt, ist es umso notwendiger, dass die Transformation schneller und radikaler vonstattengeht. Auch die wunderbare Gelegenheit, die sich auf dem Markt bietet – dieses eine Projekt, mit dem man viele Kunden bedienen kann –, ist ein weiterer Aspekt, den man bei der Wahl der Veränderungsstrategie berücksichtigen sollte. Viele erfolgreiche Transformationen haben genau diese positive externe Dringlichkeit gebraucht, um die Transformation nach dem Start in Gang zu halten. Schließlich sind es gerade die Kunden, die uns letztlich für unsere tägliche Arbeit motivieren.

Entscheiden Sie: Big Bang, Schritt für Schritt oder evolutionär?

Die meisten Organisationen in den Niederlanden haben bereits mit Formen des agilen Arbeitens auf Team- und Abteilungsebene experimentiert. Dies wirft oft die Frage auf: Wie können wir die Veränderung in der ganzen Organisation fortsetzen, sodass die Schnelligkeit und Wendigkeit der Organisation noch weiter zunimmt?

Es ist immer eine Frage, wie radikal Sie bestimmte Änderungen vornehmen wollen. Grob gesagt, gibt es drei Möglichkeiten: Big Bang, Schritt für Schritt und evolutionär. Big Bang: Sie konzentrieren sich auf ein Datum, das die gesamte Organisation betrifft. Schritt für Schritt: Wertschöpfungskette für Wertschöpfungskette, z. B. durch gemeinsame vierteljährliche Big Room Plannings[1] für alle Teams einer Wertschöpfungskette. Evolutionär: Sie lassen die Veränderung organisch ablaufen.

Welche Wahl Sie treffen, hängt von der Strategie und dem Markt ab: Wie viel Zeit haben Sie für die Veränderung? Es hängt auch davon ab, in welcher Phase der Transformation sich die Organisation befindet, denn während der Transformation brauchen Sie alle Ansätze abwechselnd. So folgt nach einer radikaleren Veränderung z. B. eine Phase der Evolution. Und umgekehrt: Nach einer Periode der evolutionärer Veränderung stößt man u. a. an die Grenzen der Steuerbarkeit und plötzlich ist ein radikaler Durchbruch erforderlich, um den nächsten Schritt machen zu können.

---

1. Anm. d. Übers.: Big Room Planning ist ein Event in einigen agilen Frameworks. Es beschreibt ein Planungsevent von mehr als einem Team, am gleichen Ort, zur gleichen Zeit (*https://swissq.it/de/agile/big-room-planning-was-ist-das/*).

In allen Fällen wird es notwendig sein, das Topmanagement der Organisation einzubeziehen, um Blockaden zum richtigen Zeitpunkt auf Organisationsebene effektiv anzugehen. Dies wird im Wechselspiel mit dem passieren, was auf Teamebene stattfindet. Sollte es keine ausreichende Unterstützung im Topmanagement geben, dann ist es ratsam, zuerst daran zu arbeiten.

FALLSTUDIE
»Ab 13. Juli arbeiten wir agil«

In einem mittelständischen Unternehmen wurde eine agile Transformation für die Produktentwicklungsabteilung durchgeführt. Insgesamt waren ungefähr 200 Mitarbeiter aus 25 Teams davon betroffen. Die Transformation fand unter der Verantwortung des Leiters der Produktentwicklung statt.

Mit einem Big Bang wurden alle Teams transformiert und nach verschiedenen Produktlinien aufgestellt. Ein Datum zu Beginn des Sommers markierte den Zeitpunkt, an dem definitiv agil gearbeitet werden sollte. Manche Teams begannen schon früher, andere vertagten es bis nach dem Sommer, aber es war klar, ab wann agiles Arbeiten der Ausgangspunkt war.

Das funktionierte sehr gut. Das harte Datum, 13. Juli, markierte einen eindeutigen Zeitpunkt und bot daher viel Klarheit. Natürlich verstand jeder, dass man nicht von einem auf den anderen Tag Agilität einführt. Dennoch waren die Erwartungen jedem klar.

Ungefähr drei Monate vor dem 13. Juli wurde mit den ersten drei Teams gestartet. Zu diesem Zeitpunkt waren bereits einige Teams aktiv dabei und mehrere hatten gerade eine Schulung hinter sich. Am 13. Juli begannen 12 Teams, agil zu arbeiten.

Diese Anzahl von startenden Teams war der Höhepunkt. Danach erfolgte das Ausrollen der Änderungen, und bis Ende Oktober hatten alle Teams die Wellenplanung (Waveplanning)[2] durchlaufen.

→

---

2. Anm. d. Übers.: Im Deutschen auch »Rollierende (Wellen)Planung« genannt (siehe z.B. *https://de.wikipedia.org/wiki/Rollierende_Planung*).

Auch wenn eine Transformation in Schritten – nie auf einmal – verläuft, kann ein solches Big-Bang-Datum ein starkes Veränderungsinstrument sein. Obwohl sich der Betriebsrat (BR) nicht sehr stark eingemischt hatte, war es (auch für den BR) angenehm, dass es für die Mitarbeiter Klarheit gab. Das machte einen großen Unterschied in Bezug auf Fragen und Unsicherheit. Dies wurde vielleicht auch dadurch verstärkt, dass einer der Teamleiter im BR war und somit eine positive Atmosphäre im Hinblick auf die Veränderung schaffen konnte.

FALLSTUDIE
Viele kleine Schritte

Ein mittelgroßer Infrastrukturdienstleister experimentierte bereits seit einiger Zeit mit agilen Arbeitsweisen in der IT-Abteilung. Die Infrastrukturprojekte, die für Kunden durchgeführt wurden, wurden klassisch in Angriff genommen. Eigentlich verlief alles ohne allzu viele Probleme. Die IT-Projekte innerhalb dieser Abteilung erlebten die üblichen Rückschläge: zu spät, zu langsam und unzufriedene Stakeholder.

Zu einem bestimmten Zeitpunkt wurde ein Plan aufgestellt: Wie kann man sowohl klassisch als auch agil die IT-Projekte umsetzen? Obwohl einige, auch im Topmanagement, sehr wohl sahen, dass es auch anders möglich wäre und dass ein agiler Ansatz funktionieren könnte, traf man keine echte Entscheidung für – oder gegen – einen agilen Ansatz in der Projektarbeit.

Anstatt also eine abteilungsweite Transformation zu planen und vielleicht den Mut zu einem großen Schritt aufzubringen, wurde mit Begeisterung im kleinen Maßstab begonnen. Ein paar Teams. Kleine Initiativen. Einigen wenigen begeisterten Personen wurde freigestellt, sich mit der agilen Theorie vertraut zu machen und anschließend in der Praxis zu experimentieren. Alles geschah freiwillig und unverbindlich. Niedrigschwellige Veranstaltungen wurden angeboten, um das Wissen zu erweitern, zu lernen und Probleme anzugehen. Gemeinsam ging man auf Entdeckungsreise.

Zwei Jahre später wurde eine Reihe von Initiativen auf diese Art und Weise aufgegriffen, und es entstand etwas mehr Bewegung. Immer wieder wurde dazugelernt, und weitere Schritte wurden im Veränderungsprozess unternommen.

Zwar mit der Unterstützung des CEO, aber ohne Beschluss der Topmanagements wurde entschieden, (innerhalb der IT) nur noch agil zu arbeiten.

Das Ergebnis dieses Ansatzes ist nun, dass beinahe sechs Jahre später ungefähr 30 Teams – 50 Prozent der IT-Organisation – mit einer gemischten Zusammensetzung aus Spezialisten sowohl aus dem Betrieb als auch der Fachabteilung und der Entwicklung gebildet wurden. Dabei wird SAFe® als Referenz verwendet.

Vor allem die gemeinsamen Planungs-Workshops aus dem SAFe®-Framework (PI-Planning), auch Big Room Planning genannt, sind ein großer Erfolg. Die andere Hälfte der IT arbeitet noch immer klassisch.

Alles in allem hat die Transformation Folgendes gebracht:

- Verbesserte Planung und Durchführung. Durch die Big Room Plannings gibt es mehr Übereinstimmung zwischen der Fachabteilung und der IT bei Projekten, die gerade im Fokus stehen.

- Auf der strategischen Ebene wird nun mehr über Prioritäten gesprochen. Während es früher vor allem ein Gerangel war, gibt es nun strukturelle Beratungen zwischen den verschiedenen Stakeholdern.

- Die Leistung der IT-Abteilung hat sich stark verbessert, ist vorhersehbarer geworden, und die Zufriedenheit der Fachabteilungen ist viel höher.

Zusammenfassend lässt sich sagen, dass der evolutionäre Ansatz gut funktioniert hat. Es gibt viel Unterstützung von den beteiligten Personen; schließlich gibt es immer eine Wahl und es entsteht eine natürliche Sogwirkung.

Die Auswirkungen der Transformation sind im Allgemeinen ebenfalls sehr positiv; es wird immer noch dazugelernt – in immer wieder kleinen Schritten. Ausgehend von der Überzeugung, dass es bei einer agilen Transformation hauptsächlich darum geht, die Anpassungsfähigkeit einer Organisation zu erhöhen, ist dies vielleicht der größte Erfolg.

Dennoch wurde der Aufbau von 30 agilen Teams innerhalb von sechs Jahren nicht gerade schnell vollzogen. Eine Veränderung auf diese Art und Weise erfordert einen langen Atem. Darüber hinaus sind die Manager dieser Transformation nicht die Personen, die das Mandat haben, um strukturelle Veränderungen

→

> vorzunehmen. Auch bei diesem Transformationsansatz gibt es immer noch Personen, die (noch) nicht überzeugt sind, dass inkrementelles Arbeiten der richtige Weg ist. Durch das fehlende Mandat der derzeitigen Manager der Transformation ist es relativ einfach, die Transformation zu vermeiden. Die Zeit wird zeigen, ob sich dies noch ändern wird.

Erwägen Sie eine Wellenplanung

Bei manchen Transformationen haben wir das Konzept der Wellenplanung (Waveplanning) an eine schrittweise Einführung angepasst. Dies ist vor allem dann relevant, wenn viele Teams mehr oder weniger gleichzeitig starten und der Umfang der Unterstützung, die eine Organisation bieten kann, begrenzt ist.

Eine Gruppe von Teams wird hierbei als »Welle« bezeichnet und durchläuft zeitgleich denselben Startansatz. Dieser Start beginnt mit einer Kick-off-Phase, in der es vor allem um Teambildung und das Erlernen der gewünschten Arbeitsweise durch Trainings und Vormachen geht. Auch die Wochen danach werden intensiv durch erfahrene Coaches begleitet. Die Unterstützung wird schrittweise reduziert und das Team, einschließlich Scrum Master und Product Owner, übernimmt die Arbeit selbstständig.

Abhängig von den Ergebnissen der Analyse (Schritt 2, Seite 49) und der gewünschten Reife (Tiefe der Transformation) kann eine Schätzung der angebotenen Unterstützung und der Dauer jeder Welle vorgenommen werden. Auf dieser Grundlage erfolgt dann eine Wellenplanung. Pro Team rechnet man mit zwei bis sechs Monaten.

Planen Sie für den Start der nächsten Welle einen Zeitpunkt für eine Evaluation ein, sodass man aus der Welle lernen kann und die nächste Welle besser und gezielter ablaufen wird.

Wenn es bisher wenig Erfahrung mit Agilität gibt oder wenn sich die Transformation noch in der Phase des Experimentierens mit dem Organisationsmodell oder der Strategie befindet, machen Sie dies in der Wellenplanung explizit sichtbar. Es erklärt sofort, warum der Umfang der ersten Welle noch etwas kleiner ist als spätere Wellen.

BEISPIEL

Wellenplanung für den Start von neuen Teams

Diese Teams wurden in der Anfangsphase sehr intensiv begleitet, danach wurde die Begleitung allmählich abgebaut.

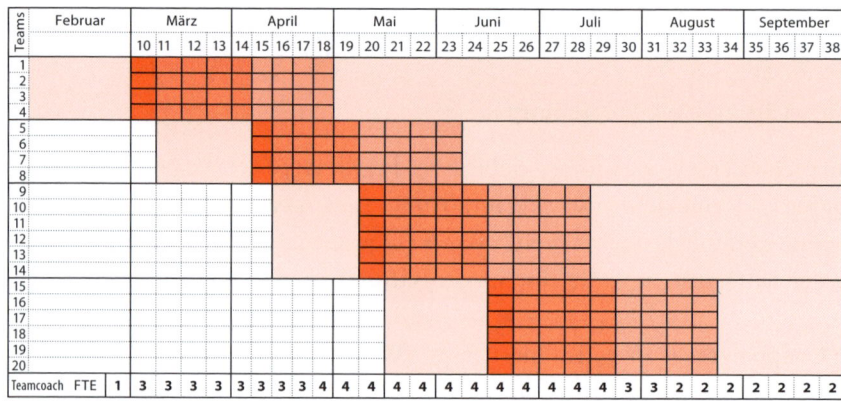

Arbeiten Sie mit dem Betriebsrat zusammen

Reorganisieren ist ein regelmäßiger Bestandteil einer agilen Transformation. Es kann nämlich sein, dass bestimmte Funktionen in der neuen Organisation nicht mehr benötigt werden. Darüber hinaus erfordert eine neue Arbeitsweise eine andere Denkweise und andere Kompetenzen, die nicht für jeden gut passen. Für eine radikalere Veränderung in einer Transformation ist eine Reorganisation ein effektives Mittel. Sie hat jedoch große Auswirkungen auf die Mitarbeiter.

Sie führt zu einer Phase der Unsicherheit und auch der Trauer bei den ausscheidenden Mitarbeitern und ihren Kollegen. Gehen Sie sorgsam damit um. Es sollte ein gegenseitiges Verständnis zwischen der Geschäftsführung, dem Transformationsteam und dem Betriebsrat bestehen. Mehr dazu erfahren Sie in Teil C, Verankerungsthema 1 »Personalentwicklung« (Seite 143).

> **FALLSTUDIE**
> **Multinational – Big Bang(s), aber immer durch eine Reorganisation**
>
> In einem großen internationalen Unternehmen wurde strukturell agiles Arbeiten eingeführt. Zunächst lokal durch die IT-Abteilung, später strukturell in den Niederlanden und anschließend auch international. Dieses Unternehmen entschied sich, jeden Schritt in der Transformation durch eine Reorganisation durchzuführen.
>
> Als Erstes wurde eine Blaupause von der Organisation nach dem Transformationsschritt erstellt, mit der Anzahl der Arbeitsplätze und den genauen Funktionen, wie Teammitglied, Coach und Product Owner. Diese Blaupause wurde vom Betriebsrat genehmigt. Im Anschluss durfte sich jeder im Rahmen des Transformationsschrittes auf eine neue Stelle bewerben. Der Betriebsrat stellte immer ein gutes Ausbildungsbudget für diejenigen zur Verfügung, die bleiben wollten, sodass sie sich gut auf die neue Rolle vorbereiten und die Anforderungen der neuen Stelle erfüllen konnten. Für diejenigen, die nicht bleiben wollten oder konnten, wurde ein guter Sozialplan aufgestellt. Jede Reorganisation war mit einer Reduktion der Anzahl der Arbeitsplätze verbunden, woraus die Kosten für jede Reorganisation, einschließlich Ausbildungsbudget und Sozialplan, bezahlt wurden. Jedes Mal gab es eine Art D-Day: der Tag, an dem die neue Organisation startete. Das war auch der Moment, um daran zu denken, dass nicht mehr alle dabei waren, und mit einem frischen Blick in die Zukunft zu schauen.
>
> Wenngleich dies manchmal eine harte und rigorose Art war, eine agile Transformation durchzuführen, gab es in dieser Organisation auch eine deutliche Dynamik und Veränderung. Die Firma war an Reorganisationen gewöhnt und man konnte sich auf ausgetretenen Pfaden bewegen. Außerdem war man eine evolutionärere – oder agilere – Art der Veränderung nicht gewohnt. Es gab zu viele Menschen mit zu vielen Meinungen. Zudem gab es auch noch Aufsichtsbehörden, die Schwierigkeiten mit Veränderungen hatten, die nicht innerhalb der Unternehmensrichtlinien durchgeführt wurden. Eine Reorganisation von oben (top-down) funktionierte in dieser Umgebung schlichtweg am besten und schnellsten.
>
> Für den Coach und den Transformationsberater war dies gewöhnungsbedürftig. Eine Reorganisation geht eigentlich immer einher mit Angst, Enttäuschung und Verlust. Das sind nicht gerade die Emotionen, die wünschenswert sind, um sich mit Begeisterung zu verändern. Wenn eine Reorganisation angekündigt

→

> wurde, gab es auch immer eine Phase, die wirklich nicht schön war. Es herrschte eine Atmosphäre der »Trauer«. Aber durch den Big Bang mit einem eindeutigen Startdatum gab es auch einen klaren Moment für neue Energie.
>
> Als Coach konnten wir Einfluss darauf nehmen, wie die Reorganisation verlaufen sollte. In Zusammenarbeit mit dem Betriebsrat ist es beispielsweise gelungen, die Zuordnung der Teams durch die Teammitglieder selbst vornehmen zu lassen. Die Zusammensetzung der Teams – wer ist in welchem Team? – wurde während einer gemeinsamen Veranstaltung mit Hunderten von Menschen in Iterationen und mit »Marktplätzen« organisiert. Auf diese Weise konnte am ersten Tag der neuen Arbeitsweise auch sofort mit einem neuen Arbeitsformat begonnen werden, das auf der Autonomie der Menschen und Teams beruhte.

Legen Sie fest, wie tief Sie verändern wollen

Ein anderer Aspekt ist die Tiefe der Veränderung. In Schritt 1 (Seite 37) wurde die Matrix der »Auswirkungen von Veränderungen« eingeführt (siehe Seite 43), bei der erwähnt wurde, dass auch hier Entscheidungen getroffen werden können. Streben Sie eine oberflächliche Veränderung in Prozess und Arbeitsweise an oder gehen Sie sofort tiefer in der Veränderung, z. B. in der Einstellung und dem Verhalten? Je tiefer man geht, desto tiefgreifender werden die Auswirkungen der Transformation sein. Dies erfordert jedoch auch mehr sowohl vom Transformationsteam als auch von der Organisation.

Das bedeutet z. B., dass die Scrum Master, Coaches und Führungskräfte auch fortgeschrittene Coachingfähigkeiten benötigen, um das gewünschte Verhalten zu stimulieren und um tiefere Team- und Organisationsdynamiken wahrzunehmen und zu beeinflussen.

Los geht's

Wenn Sie nun mit dem Festlegen der Veränderungsstrategie starten, dann denken Sie an die folgenden konkreten Schritte:

- Legen Sie fest, ob sie evolutionär oder in radikaleren Schritten verändern wollen.
- Bestimmen Sie, wie tiefgreifend die Veränderung stattfinden soll.
- Legen Sie fest, ob Sie Wellenplanungen oder Reorganisationen anwenden wollen und organisieren Sie diese.
- Beziehen Sie die Linienorganisation bei der Transformation mit ein.
- Kommunizieren Sie den gewählten Ansatz.
- Wählen Sie eine Veränderungsstrategie und lernen Sie schrittweise, ob Änderungen notwendig sind.

10 SCHRITT 6 – Durchführung der Transformation: Erstellen Sie eine Transformations-Roadmap

Einleitung

Um bei einer Transformation zu wissen, was der Stand der Dinge ist und was die geplanten Veränderungsmaßnahmen sind, ist ein gemeinsames Bild nötig. Als Form wählen wir hierfür die Transformations-Roadmap. Eine solche Roadmap liefert ausreichend Details, um zu wissen, was jetzt passiert, was noch kommen wird und was bereits geschehen ist. Sie ist aber kein umfassender und detaillierter Plan, der ständig aktualisiert werden muss. In der Praxis wird die Veränderung doch anders verlaufen, als man anfangs dachte, somit sollten Sie nicht zu viel Zeit damit verbringen, die Transformation im Detail zu planen.

Im Gegensatz zum Backlog beinhaltet eine Roadmap eine Zeitkomponente. Mithilfe der Roadmap kann man eine Geschichte darüber erzählen, was bereits geschehen ist und was noch kommen wird; dies hilft dabei, Erwartungen für die Zukunft zu klären. Auf diese Weise wird die Organisation in die Veränderung einbezogen.

Warum eine Transformations-Roadmap erstellen?

ZIEL 1: Sie ist ein Kommunikationsmittel

Die Transformations-Roadmap ist ein Kommunikationsmittel während der Phase der Veränderung. Es können nicht alle gewünschten Veränderungen gleichzeitig durchgeführt werden, sondern sie werden versetzt angegangen. Es hilft, den Rest der Organisation in die Roadmap mit einzubeziehen. Sie macht sichtbar, dass bestimmte Veränderungen sehr wohl stattfinden werden, aber noch nicht jetzt. Das sorgt für Ruhe.

ZIEL 2: Sie bietet Fokus

Indem man Entscheidungen trifft – was passiert wann und was passiert noch nicht? –, richtet die Transformations-Roadmap den Fokus aus. So wie jedes andere Team auch, ist ein Transformationsteam erfolgreicher, wenn es nicht an zu vielen Dingen gleichzeitig arbeitet, sondern gemeinsam an einem oder einigen wenigen Veränderungs- oder Verankerungsthemen. Das ist für alle Beteiligten angenehmer. Dann regen sich die Teammitglieder nicht über all die Veränderungen auf, die auf sie einprasseln, sondern können sich auf ihre tägliche Arbeit konzentrieren und Schritt für Schritt Verbesserungen umsetzen.

ZIEL 3: Sie aktiviert die Organisation

Wenn man einen klaren Plan hat, dann wird es für die Organisation auch deutlicher, was beabsichtigt wird und welchen Beitrag jeder Einzelne dazu leisten kann.

> *Eine Veränderung ist erst dann wirklich erfolgreich,*
> *wenn eine neue Gewohnheit eingeführt ist,*
> *die die Mitarbeiter ohne Hilfe*
> *des Transformationsteams selbst weiterführen.*

Mit anderen Worten: Die Roadmap führt zu Mitwirkung. Das Transformationsteam muss in der Lage sein, die Organisation zu aktivieren; wenn es zu sehr die Arbeit an sich zieht und Veränderungen zu genau vorschreibt, führt dies eher zu einer abwartenden Haltung und zu Widerstand innerhalb der Organisation. Besser ist es, Veränderungen gemäß »Vormachen« (Shu), »Zusammenmachen« (Ha) und »Selbst machen« (Ri)[3] zu initiieren, wobei die gewünschten Veränderungen schrittweise innerhalb der Organisation verankert werden (siehe dazu auch Teil C dieses Buches). Eine Veränderung ist erst dann wirklich erfolgreich, wenn eine neue Gewohnheit eingeführt ist, die die Mitarbeiter ohne Hilfe des Transformationsteams selbst weiterführen.

---

3. Anm. d. Übers.: Die Begriffe Shu, Ha und Ri stammen aus der japanischen Kampfkunst und beschreiben die drei Lernstufen zur Meisterschaft (nach *https://en.wikipedia.org/wiki/Shuhari*).

ZIEL 4: Sie dient als Nachweis über den Start

In vielen Organisationen ist ein genehmigter Plan erforderlich, um ein Budget zu bekommen. Außerdem können Sie bei einer stark hierarchischen, unterteilten Organisation mit einer Transformations-Roadmap Vertrauen schaffen, um von den Beteiligten die erforderliche Kooperation zu erhalten. Eine Transformations-Roadmap bietet genügend Halt, um als »Plan« durchzugehen, und ist flexibel genug, um Wendigkeit zu behalten.

ZIEL 5: Sie macht den Fortschritt sichtbar

Eine solche Roadmap ist während der Transformation eine Messlatte für den Fortschritt. Wie weit sind wir schon? Geht es schneller oder langsamer als erwartet? Erreichen wir unsere Ziele? Siehe hierzu auch Schritt 8 (Seite 119) über die Messung des Fortschritts.

Wie erstellt man die Transformations-Roadmap?

Eine Transformations-Roadmap für eine agile Organisation sollte sich weniger auf geplante Aufgaben konzentrieren, sondern vielmehr auf die zu erzielenden Ergebnisse. Daher haben wir uns für eine Form entschieden, die aus der »Verbesserungskata« von *Toyota Kata* (Mike Roberts) und dem *Improvement Theme* von Jimmy Janlén abgeleitet ist.

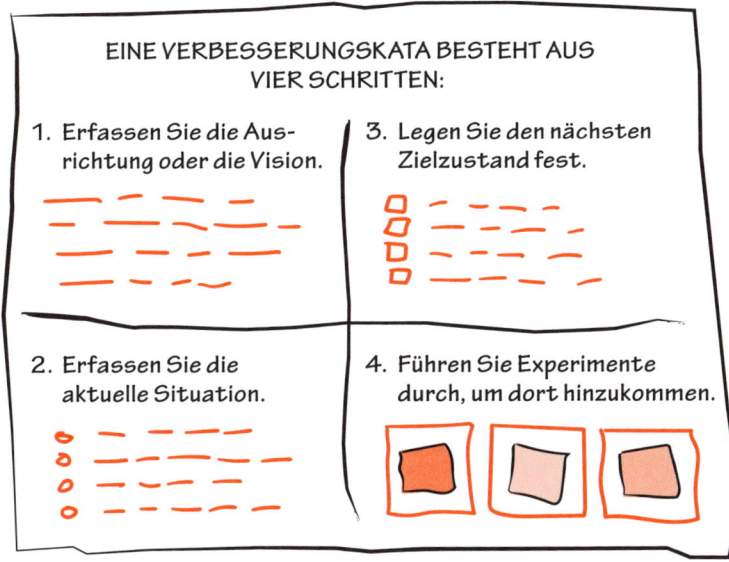

Wählen Sie die Themen

Entscheiden Sie, welche Themen einer Veränderung unterzogen werden sollen, um die gewünschte agile Organisation zu erreichen. Häufige Themen sind: Struktur, Kultur, Kommunikation, Personalentwicklung, Führung, strategische Ausrichtung, Compliance, Finanzen, Messen und Abstimmen, Technologie (siehe auch Teil C zur Vertiefung dieser Themen).

Definieren Sie für jedes Thema einen »Awesome«-Zustand

Für jedes der ausgewählten Themen wird der ideale Endzustand bestimmt (»awesome«). Dieser Zustand ist herausfordernd, jedoch realistisch und somit erreichbar, was aber nicht einfach ist. Nehmen wir z.B. das Thema Führung: Das Führungsteam sorgt für ein ideales Umfeld für leistungsstarke selbstorganisierte Teams. Seien Sie dabei so konkret wie möglich, wenn Sie sich gegenseitig bei der Definition des »Awesome«-Zustands herausfordern. Was ist in dem oben genannten Beispiel ein »ideales Umfeld«? Und was versteht man unter »leistungsstarken Teams«? Was Sie jetzt so bezeichnen, kann sich später als ganz anders herausstellen, aber es ist sinnvoll, so oft wie möglich über Erwartungen zu sprechen. Eine Diskussion über den »Awesome«-Zustand bietet hierfür eine gute Gelegenheit.

Legen Sie den nächsten Zielzustand fest

Bestimmen Sie anhand der aktuellen Situation, was der nächste Zielzustand ist. Schauen Sie auf Ergebnisse statt auf Aktionen. Also nicht: Das wollen wir alles machen. Sondern vielmehr: Was haben wir erreicht? Betrachten Sie es als Erreichen des nächsten Basislagers, wenn Sie einen Berg besteigen. Als Zeithorizont veranschlagen wir dafür oft drei Monate. Für das Thema Führung kann das beispielsweise sein: Führungskräfte bringen Teams selbstständig zum nächsten agilen Reifegrad.

Um dieses nächste Ziel zu erreichen, müssen bestimmte Aktivitäten durchgeführt werden. Denken Sie hierbei an Folgendes: ein agiles Führungstraining organisieren, ein Team-Manifest für das Führungsteam erstellen, Führungskräfte von administrativen Aufgaben befreien, eine Supervisions-Gruppe für das Führungsteam einrichten. Diese Art von Aktivitäten bekommen ihren Platz auf dem Transformations-Backlog.

Bestimmen Sie, wie Sie den Fortschritt messen

Bestimmen Sie, wie Sie messen können, ob die Schritte auf der Roadmap auch wirklich dazu beitragen, den gewünschten Ergebnissen näher zu kommen.

> *Oft erweist sich der Weg, mit dem das Ziel erreicht wird, doch etwas anders, als man anfangs dachte.*

Wie kann man regelmäßig beurteilen, ob das Ziel erreicht wird? In dem Führungsbeispiel könnte z. B. regelmäßig durch eine Umfrage gemessen werden, ob die Mitarbeiter einen Unterschied feststellen. Zum Beispiel: Merken sie, dass ein ideales Umfeld für leistungsstarke Teams entsteht, und werden die Erwartungen, die das Führungsteam an dieses ideale Umfeld hat, auch in gleicher Weise von den Mitarbeitern wahrgenommen?

Indem man regelmäßig quantitatives, aber auch qualitatives Feedback einholt, kann man immer wieder Anpassungen vornehmen, um das gewünschte Ergebnis zu erreichen. Oft erweist sich der Weg, mit dem das Ziel erreicht wird, doch etwas anders, als man anfangs dachte (siehe hierzu auch Schritt 8, Seite 119).

Stellen Sie Transparenz über das her, was später kommen wird

Oftmals werden auch zusätzliche Themen auf die Roadmap gesetzt. Das sind Dinge, an denen kurzfristig nicht gearbeitet wird, die aber dennoch Aufmerksamkeit verdienen. Für das Thema Personal ist z. B. die komplette Überarbeitung des Jobklassifizierungssystems normalerweise nicht der allererste Schritt, aber sicherlich etwas, das in Betracht gezogen wird.

Eine Transformation dauert in der Regel mehrere Jahre. Daher ist es richtig, auch diese zusätzlichen Themen auf der Roadmap anzugeben. Dadurch wird deutlich, dass man sich durchaus darüber bewusst ist, dass etwas geschehen wird, aber eben noch nicht jetzt. Das hat den zusätzlichen Effekt, dass die Stakeholder, die auf etwas ganz Bestimmtes warten, sehen können, dass sie nicht vergessen wurden und wann ihr Thema ungefähr aufgegriffen wird.

Kommunizieren Sie die Transformations-Roadmap

Um über die Transformations-Roadmap kommunizieren zu können, ist es hilfreich, diese öffentlich zugänglich und sichtbar zu machen. Das funktioniert z. B. über ein Wandmoderationspapier mit Post-its und Aufklebern gut, das in einem Gemeinschaftsraum im Unternehmen aufgehängt werden kann, sodass jeder die Roadmap findet oder aufsuchen kann. Die Roadmap ist transparent, kann von jedem gelesen werden, und jeder kann und darf Fragen dazu stellen. Dies trägt auch dazu bei, aktiv Feedback zu erhalten und die Roadmap während eines Sprint-Reviews des Transformationsteams auf die Tagesordnung zu setzen. Man kann natürlich auch auf andere Art Feedback einholen. Ein Pappbriefkasten oder ein regelmäßig gelesenes E-Mail-Konto ist einfach zu erstellen.

Wie bei jeder Kommunikation über Veränderungen ist es auch hier besser, zu viel als zu wenig zu kommunizieren. Daher ist es hilfreich, wenn die Transformations-Roadmap auch in unternehmensweiten Videos und Präsentationen gezeigt wird. Als Transformationsteam haben wir eine Vorbildfunktion für alle Teams, also nutzen Sie die Kommunikation über die Roadmap als Chance für Transparenz und Inspect & Adapt.

BEISPIEL
Transformations-Roadmap in Form einer Verbesserungskata

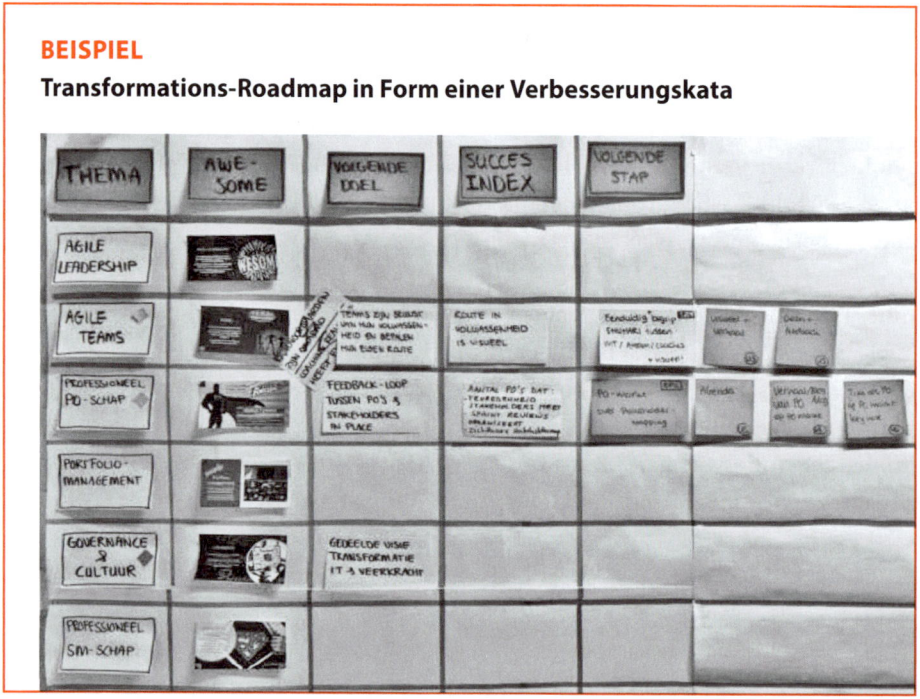

FALLSTUDIE
Die erste Transformations-Roadmap und ihre Weiterentwicklung

Bei einer mittelgroßen Organisation bestand das Transformationsteam aus einer Kombination aus internen und externen Mitgliedern. Da sie unterschiedliche Hintergründe, Stile und Persönlichkeiten hatten, mussten sie zum Erreichen des gemeinsamen Transformationsziels zunächst zueinander finden.

Indem man als Transformationsteam in einem Sprint-Rhythmus arbeitete – alle zwei Wochen, anfangs sogar jede Woche, ein Review, eine Retrospektive und ein Planning –, fanden schnell wertvolle Abstimmungen statt. Infolgedessen verbesserte sich die gemeinsame Zusammenarbeit rasch, und das Transformationsteam konnte gut auf die Anforderungen reagieren.

Die Vorstellungen darüber, was beispielsweise in drei oder sechs Monaten passieren würde, waren jedoch bei einigen Mitgliedern des Transformationsteams unterschiedlich oder fehlten sogar komplett. Das machte es schwierig, den agilen Teams in der Organisation zu erklären, wo sie sich auf der Transformationsreise befanden. Und was als Nächstes kommen würde.

Es wurde ein längeres Meeting eingeplant, um zu einer Roadmap zu gelangen. Der erste Schritt bestand darin, auf Grundlage der persönlichen Erfahrungen aller Beteiligten die Vorstellung davon zu teilen, was in den nächsten Jahren geschehen sollte. Dies wurde auf Post-its geschrieben, die sichtbar für alle aufgeklebt wurden. Als Nächstes wurden die Post-its thematisch gruppiert, wie z. B.: Werte messen, Feedback-Kultur stimulieren. Der dritte Schritt war eine zeitliche Zuordnung. Die Teams befanden sich zu diesem Zeitpunkt noch vollständig in der Anfangsphase, sodass der Fokus darauf lag, was in den kommenden Quartalen und darüber hinaus erreichbar war.

Dieses gemeinsame Bild half sofort weiter und führte dazu, dass mehr Mitglieder des Transformationsteams die Initiative für Aufgaben ergriffen, von denen man gemeinsam entschieden hatte, dass sie am wichtigsten waren.

Zwei Monate später schien es an der Zeit zu sein für einen nächsten Schritt. Die Transformation hatte deutliche Fortschritte gemacht, wodurch neue Themen aktuell wurden. Dieses Mal wurde ein Veränderungsmodell für agile Organisationen als Rahmenwerk benutzt, und der »Awesome«-Zustand wurde bei jedem Thema gemeinsam festgelegt. Ziel war es, die Organisation immer weniger abhängig vom Transformationsteam und den externen Beratern zu machen.

→

> Daher umfasste der »Awesome«-Zustand immer auch, wie die Organisation selbst einen höheren Reifegrad zur Gewohnheit gemacht hatte, ohne dabei auf die Unterstützung des Transformationsteams bzw. eines Mitglieds angewiesen zu sein.
>
> Auf diese Weise wuchs die Transformations-Roadmap mit dem jeweiligen Stand der Organisation in der Transformation mit. Das war hilfreich für die gegenseitige Abstimmung innerhalb des Transformationsteams, aber auch für die Geschichte gegenüber dem Rest der Organisation.

Arbeiten Sie mit der Transformations-Roadmap

Es ist eine Sache, die Transformations-Roadmap zu visualisieren und verfügbar zu machen. Die Transformations-Roadmap am Leben zu erhalten und mit ihr zu arbeiten, ist eine andere Sache. Schauen Sie regelmäßig kritisch auf die Relevanz der Themen, deren Anordnung und den Fortschritt. Es können zusätzliche Aufgaben auftauchen, die sich nur schwer unter die bestehenden Themen einordnen lassen. Das ist logisch, denn es werden Dinge entdeckt werden, die Veränderungen erfordern, an die vorher überhaupt nicht gedacht wurde.

Versuchen Sie, die Anzahl der verschiedenen Themen (die Swimlanes auf der Roadmap) zu begrenzen. Eine Transformations-Roadmap enthält in der Regel maximal zehn solcher Themen, wobei Sie an ungefähr drei Themen gleichzeitig arbeiten können. Sollte ein komplett neues Thema mit entsprechender Priorität zum Vorschein kommen, dann entfernen Sie mindestens ein anderes Thema oder versuchen Sie, zwei andere Themen (von niedriger Priorität) zusammenzufassen. Es ist für die Durchführung nicht hilfreich, die Transformations-Roadmap einfach größer und umfangreicher zu machen. Mehr Fokus, indem man weniger tut, hilft sehr wohl. Regelmäßig innehalten und aufmerksam betrachten, was nun zur Transformations-Roadmap gehört, das ist auch Teil dieses Schritts.

Es ist für die Durchführung nicht hilfreich, die Transformations-Roadmap einfach größer und umfangreicher zu machen. Mehr Fokus, indem man weniger tut, hilft sehr wohl.

Sie können auch überlegen, was es kosten würde, wenn ein Thema verschoben wird. Aufgaben, die gefühlsmäßig eine hohe Dringlichkeit oder Priorität haben, erweisen sich oft als doch nicht so wichtig. Das lässt sich relativ einfach herausfinden, indem man sich die Frage stellt, was passiert, wenn man die Aufgaben verschiebt. Damit schaffen Sie auch Luft und Raum für Aufgaben, die gerade nicht verschoben werden sollen oder können. Die Themen werden auf den Swimlanes der Roadmap gemäß ihrer Relevanz von oben nach unten sortiert. Somit steht die wichtigste Arbeit immer oben.

Auf der Roadmap wird dann geschaut, was in den kommenden Monaten für jedes Thema einzeln erreicht werden soll. Nehmen Sie im Voraus eine grobe Einteilung in der Reihenfolge innerhalb des Quartals vor, z. B. indem Sie die Arbeit über die Monate hinweg verteilen. Damit werden auch aufeinander folgende oder voneinander abhängige Aktivitäten deutlich. Zudem wird recht schnell erkennbar, ob alles zu schaffen ist. Ist es nicht machbar? Dann passen Sie die Roadmap an, indem Sie Arbeit zeitlich verschieben, aufteilen, verkleinern oder vielleicht ganz streichen. Versuchen Sie, nicht zu viel in »Aufgaben«, sondern vor allem in »Ergebnissen« zu denken: Denken Sie daran, was Sie erreichen wollen, anstatt daran, was Sie tun werden. An sich ist es nicht falsch, wenn konkrete Aufgaben herauskommen, aber versuchen Sie, diese dann entsprechend dem Ergebnis oder der Wirkung zu benennen.

Sie wollen, dass das Transformationsteam erst im letzten Moment entscheidet, wie Ergebnisse erzielt werden sollen, und nicht schon lange im Voraus. Betrachten Sie nicht nur das nächste Quartal, sondern füllen Sie auch die darauffolgenden Quartale grob aus. Es gibt schlussendlich nur *einen* Plan und das ist die Roadmap. Wenn es nicht auf der Roadmap steht, dann wird es auch nicht passieren. Streben Sie innerhalb des Transformationsteams Konsens über Machbarkeit und Korrektheit an. Die Absicht dabei ist, dass das ganze Transformationsteam hinter der Roadmap steht, sich für sie einsetzt und sie erklären kann.

> **FALLSTUDIE**
>
> **Eine Transformations-Roadmap von, für und durch das Linienmanagement**
>
> Die Transformation einer großen IT-Abteilung mit mehr als 500 Mitarbeitern wurde vom Linienmanagement durchgeführt. Dieses Managementteam (MT) war neu. Die Linienvorgesetzten mussten sich auf diese Stelle bewerben, und ungefähr die Hälfte von ihnen befand sich zum ersten Mal in dieser Position. Sie entschieden, als MT ab dem ersten Tag agil zu arbeiten, mit einer Roadmap für jedes Quartal und einwöchigen Sprints. Sie erstellten ihre Roadmap jedes Quartal während eines zweitägigen Offsite-Meetings und hängten sie danach gut sichtbar an der Wand am Eingang der Abteilung auf. Jede Woche machten sie ein Planning, indem sie eine Reihe von Aufgaben in die Woche zogen und von »to do« über »doing« nach »done« verschoben. Jeden Tag hielten sie ein kurzes 15-minütiges Daily Standup Meeting an ihrem Board ab, das für jeden Mitarbeiter zugänglich und sichtbar war. Auf diese Weise gingen sie als neues MT die Veränderungen gemeinsam an – nicht nur die agile Transformation, sondern alle Arten von Arbeit. So wurden auch die noch zu erledigenden operativen Aufgaben – meist aus der alten Situation stammend – auf ihrer Roadmap und auf dem Sprint-Board sichtbar gemacht.
>
> Für die Umsetzung von langfristigen Themen, wie z.B. dem Start der agilen Teams oder der Implementierung von Continuous Delivery[4], wurde dem MT vorübergehend eine zusätzliche Arbeitskraft zur Seite gestellt.
>
> Dieses Team in einen Rhythmus zu bringen, war ziemlich einfach. Die meisten kannten Scrum und waren sich darüber bewusst, dass es bei der Einführung von Agilität viel praktischer war, wenn sie selbst auch danach arbeiteten. Zudem war es von Vorteil, dass die MT-Mitglieder, die selbst noch keine Erfahrung mit agilem Arbeiten hatten, diese nun machen konnten. Das half auch bei der Kommunikation mit ihren eigenen Teams.

---

4. Anm. d. Übers.: eine Sammlung von Techniken, Prozessen und Werkzeugen, die den Softwareauslieferungsprozess (englisch: Deployment) verbessern (*https://de.wikipedia.org/wiki/Continuous_Delivery*).

Vor allem die Transparenz der Roadmap und die Klarheit darüber, womit das MT gerade beschäftigt war, waren sehr hilfreich. Neben der Transformations-Roadmap mit den Themen und dem Sprint-Backlog für die Arbeit der laufenden Woche hatte das Board auch eine eigene Swimlane für Blockaden – Dinge, die das MT und die Teams bei der Durchführung der Arbeit behinderten. Das Board umfasste auch eine Übersicht der Metriken. Damit wurde Transparenz darüber hergestellt, ob die Transformation Fortschritte verbuchen konnte und ob dies in den Zahlen, mit denen die Abteilung beurteilt wurde, erkennbar war. Die Qualität der Systeme war dabei entscheidend: Das Aufzeigen, dass die Anzahl der Produktionsstörungen abnahm, erwies sich als ein gutes Instrument zur Legitimierung der Transformation.

Die Swimlane mit den Blockaden war für jeden offen. Dies bedeutet, dass jeder Mitarbeiter das Recht hatte, ein Hindernis auf das Board vom MT zu hängen. Es gab Platz für maximal 10 Blockaden. Es waren jedoch nie alle gleichzeitig besetzt. Dieses Managementteam strahlte nach allen Seiten aus, dass es seine Aufgabe war, die Teams zu unterstützen. Bei mehr als fünf Blockaden galt die volle Aufmerksamkeit der Beseitigung dieser Hindernisse, damit die Teams wieder vorankommen konnten.

Diese Art der Transparenz der Roadmap, die Rolle des Managements und das gezeigte Verhalten waren sehr effektiv. Schließlich bestand das Transformationsteam komplett aus dem bestehenden Linienmanagement, das unter dem Strich auch auf Basis der Performance-Verbesserung beurteilt wurde.

Los geht's

Wenn Sie nun mit dem Erstellen einer Transformations-Roadmap loslegen, dann denken Sie an die folgenden konkreten Schritte:

- Legen Sie die Hauptthemen für die Transformations-Roadmap fest.
- Bestimmen Sie den »Awesome«-Zustand für jedes Thema.
- Legen Sie das nächste Ziel fest, das kurzfristig, innerhalb von drei Monaten, erreicht werden kann.
- Bestimmen Sie, wie Sie die Zielerreichung messen werden.
- Legen Sie fest, was Sie zuerst und was Sie später machen werden.
- Machen Sie die Transformations-Roadmap sichtbar und hängen Sie diese vorzugsweise an der Wand auf.
- Kommunizieren Sie die Transformations-Roadmap und holen Sie regelmäßig Feedback ein.

11 SCHRITT 7 – Durchführung der Transformation: Implementieren Sie in kurzen Iterationen

Einleitung

Indem Sie die Transformation planen und eine Vision dafür erstellen, geben Sie ihr die richtige Richtung vor. Danach geht es darum, eine effektive Durchführung zu erreichen, bei der sich die Beteiligten regelmäßig abstimmen und ihre Pläne auf der Grundlage der gewonnenen Erkenntnisse verfeinern und anpassen.

Warum die Transformation iterativ ausführen?

Die Durchführung einer agilen Transformation ist eine komplexe Tätigkeit. Damit meinen wir, dass es bei der Durchführung relativ viel Unvorhersagbarkeit gibt; vorab ist mehr unbekannt als bekannt. Komplexität und Unvorhersagbarkeit lassen sich nicht durch detaillierte Pläne kontrollieren. Eine solche Transformation verläuft nie nach Plan.

ZIEL 1: Es schafft die Gewohnheit, regelmäßig Anpassungen vorzunehmen

Komplexität und Unvorhersagbarkeit lassen sich jedoch durch Iterationen beherrschen, d.h., kleine Schritte machen und durch das Handeln lernen. Agile Transformationen drehen sich um Menschen und deren Verhaltensänderung. Es lässt sich vorab nie vollständig vorhersagen, welche Teams die Veränderung energisch anpacken und welche Teams damit größere Schwierigkeiten haben werden. Dabei gibt es Unterschiede, wie gut die angebotene Unterstützung aufgenommen wird: Wie kommt das Training an? Wie wird der Scrum Master vom Team akzeptiert? Welche Wirkung hat die Botschaft während eines großen Unternehmensmeetings? Man glaubt, die Auswirkungen seines Handelns im Voraus schon zu kennen – oder besser gesagt, man hofft, dass diese Effekte eintreten –, aber in der Regel läuft es etwas anders.

Achten Sie daher auf die Signale zur Effektivität der Transformationsinitiativen, diskutieren Sie diese miteinander und passen Sie die Pläne entsprechend an. Diese Abstimmung ermöglicht es dem Transformationsteam, als Einheit aufzutreten, und die Geschichte der Transformation wird klarer. Genau wie bei einem Scrum-Team geht es bei einem Transformationsteam um Transparenz und Inspect & Adapt. Indem Sie Transparenz über den Fortschritt der Pläne herstellen und regelmäßige Anpassungen vornehmen, können Sie weiterhin gemeinsam die richtigen Dinge tun. Konzentrieren Sie sich auf (kleine) Veränderungen und messbare Ergebnisse oder Wirkungen.

ZIEL 2: Es trägt zur Vertrauensbildung bei

Diese erzielten Ergebnisse sind gut zu messen und zu steuern und erhöhen das Vertrauen in die Transformation. Auf der einen Seite sind die kleinen Schritte gut zur Kontrolle und Minimierung des Risikos – selbst wenn man etwas »falsch« macht oder wenn die Ergebnisse nicht so sind, wie man wollte, dann ist der Verlust oder das Risiko nicht so groß. Auf der anderen Seite zeigen Sie auch den Erfolg, indem Sie die Ergebnisse transparent machen. Erfolge sind ein Motor für jede Organisationsveränderung: Gewinnen schmeckt nach mehr.

ZIEL 3: Damit gehen Sie mit gutem Beispiel voran

Seien Sie sich darüber im Klaren, dass Sie mit einem iterativen Ansatz auch ein Vorbild in der Organisation sind. Andere werden sehen, welche Schritte unternommen wurden und wie. Die guten Aspekte werden automatisch übernommen. Außerdem beeinflusst es das Ausmaß, in dem Sie als »Veränderer« akzeptiert werden. Ein Sportlehrer, der selbst nicht fit ist, ist ja auch weniger glaubwürdig, oder? Auch hier müssen Sie nicht das perfekte Vorbild sein. Als Transformationsteam Fehler zu machen – es zu wagen, sie zu zeigen, und aus ihnen zu lernen – ist ebenso ein vorbildliches Verhalten, das bei der Transformation hilft.

Wenn die Transformation geplant und nicht iterativ durchgeführt wird, besteht die Gefahr, dass die Pläne und Aktivitäten von den tatsächlichen Veränderungen und Bedürfnissen abweichen.

Ein Sportlehrer, der selbst nicht fit ist, ist ja auch weniger glaubwürdig, oder?

Stellen Sie sich vor, dass Sie im Vorfeld mit allen möglichen klugen Köpfen über das ideale Organisationsmodell mit der entsprechenden Reifegradmatrix nachgedacht haben. Wenn sich herausstellt, dass dieses Modell in der Praxis nicht funktioniert oder von den beteiligten Personen nicht akzeptiert wird, dann werden Sie nie die beabsichtigten Wirkungen erzielen. Deshalb sollten Sie kontinuierlich und so spezifisch wie möglich die Wirkung der Initiativen herausstellen und entsprechend steuern. Man ist vorab nie schlau genug, alles in einem Plan zu erfassen, der »einfach nur noch ausgeführt werden muss«. Sonst würde man nichts durch Tun lernen, und wir wissen, dass man dadurch sehr wohl lernt, vor allem, wenn etwas komplex ist. Also: Die Durchführung einer agilen Transformation muss iterativ erfolgen!

FALLSTUDIE
Eine Transformation von 160 Mitarbeitern in der Wartungsabteilung

Ein erfahrener Manager in einer großen Organisation erhielt die Gelegenheit, seine Abteilung umzugestalten: eine neue Arbeitsweise, ein neues Managementteam. Obwohl es nicht um Entwicklungsteams ging, sondern um Teams, die für die Wartung zuständig waren, war der Manager davon überzeugt, dass agiles Arbeiten auch für diese Teams vorteilhaft wäre. Auch hier stand der Betrieb unter Druck; es musste mehr Arbeit mit weniger Ressourcen verrichtet werden. Es bestand die Erwartung, dass die gewünschten Ergebnisse erzielt werden könnten, wenn man mehr Eigenverantwortung und Stolz in die Teams bringen würde, klare Prioritäten setzen würde und den Mitarbeitern die Verantwortung für die Organisation ihrer Arbeit übertrug.

Zusammen mit dem Managementteam wurde das Transformations-Backlog erstellt. Was müsste alles getan werden, damit 18 Teams anders arbeiten und (vor allem) anders denken?

Man entschied sich für einen Start mit drei Teams gleichzeitig und einer Auswertung nach vier Wochen. Basierend auf den mit diesen Teams gewonnenen Erkenntnissen war es möglich, den besten nächsten Schritt für die anderen Teams zu ermitteln.

→

Dieser Ansatz hatte allerlei Vorteile. Durch den vorsichtigen Start konnte der Betrieb einfach weitermachen. Nur ein kleiner Teil der gesamten Abteilung befand sich im Umbruch; damit war das Risiko eines operativen Ausfalls viel geringer. Außerdem konnte man bei jedem Start eines neuen agilen Teams die Erfahrungen der anderen Teams nutzen. Man konnte gegenseitig schauen, wie gearbeitet wurde, und gemeinsam Lösungen für viele praktische Probleme finden. Dies war sicher auch bei den Coaches der Fall, die Unterstützung anboten. Für den Betrieb in einer sehr technischen Umgebung mit viel Hardware galten die üblichen Beispiele aus der Softwareentwicklung nicht. Daher war es sinnvoll, schnell aus den Problemen zu lernen, die eine solche Umgebung mit sich bringt.

Es gab auch Nachteile. Da jedes Mal mit einer kleinen Anzahl an Team gestartet und aus ihren Erfahrungen gelernt wurde, dauerte es für manche Teams über ein halbes Jahr, bis auch sie Unterstützung erhielten und sich anders organisieren konnten. Manche Teams fanden das sehr ärgerlich, fingen auf eigene Faust an und brachten sich dadurch falsche Gewohnheiten bei. Andere Teams empfanden es nicht so schlimm, aber erhielten hierdurch die Möglichkeit, ihre Arbeit so auszuführen, wie sie es gewohnt waren, sodass sie sich nicht *wirklich* ändern mussten. Außerdem gab es bei den letzten Teams viel Widerstand, sich zu verändern: »Es läuft doch gut!«

Während der Transformation haben wir gelernt, dass die Motivation der Teams eine große Rolle bei den Entscheidungen, die man trifft, spielt. Lassen Sie Teams, die motiviert sind, selbstständig mit ausreichenden Rahmenbedingungen beginnen, damit keine Initiativen entstehen, die später geändert werden müssen. Die Teams, von denen der meiste Widerstand erwartet wird, brauchen so früh wie möglich ein Coaching. Das erfordert eine regelmäßige Anpassung der Reihenfolge für den Start der agilen Teams, basierend auf Inspect & Adapt.

Wie führt man die Transformation iterativ durch?

Sorgen Sie für Engagement im Transformationsteam

Eine Transformation ist nicht etwas, das man mal so nebenbei macht. Stellen Sie sicher, dass die Mitglieder des Transformationsteams ausreichend verfügbar sind. Man muss auch zusammenarbeiten können. Dies kann man z. B. erreichen, indem ein festes Zeitfenster am Tag im Kalender dafür reserviert wird. Während dieser Zeit sitzt man zusammen und arbeitet an der Transformation. Am Anfang ist es vielleicht noch etwas schwierig, alle zusammen zu bekommen, aber sehr schnell werden sich die Terminkalender um die neue Realität herum formieren.

Bieten Sie auch ausreichend Unterstützung an. Ein viel beschäftigtes Managementteam, das auch für die Transformation verantwortlich ist, wird mit (externer) Unterstützung und Erfahrung bald viel effektiver sein. Ein weiterer guter Tipp: Schauen Sie sich an, welche Events (Sprint Planning, Retrospektive, Refinement, Sprint-Review) andere regelmäßige Meetings ersetzen können. Viele Terminkalender sind bereits voll mit Einzelgesprächen. Meist handelt es sich dabei um Gespräche mit Stakeholdern über die Qualität der Produkte oder Dienstleistung und um Coachings zur Verbesserung der Zusammenarbeit. Nun ist es ja nicht so, als gäbe es nie wieder einen Grund für ein Zweiergespräch, aber viele dieser Gespräche können teilweise oder ganz durch die neuen Events ersetzt werden.

> **FALLSTUDIE**
> **Das Transformationsteam arbeitet iterativ, aber nicht mit voller Kraft**
>
> In einer staatlichen Organisation entstand stufenweise ein Transformationsteam, das in einem zweiwöchentlichen Rhythmus arbeitete. An einem festen Nachmittag in der Woche fand der Sprint-Wechsel statt. Eine Woche später wurde derselbe Nachmittag genutzt, um zusammenzuarbeiten und das Transformations-Backlog zu verfeinern.
>
> Ziel der Transformation war es, den Fluss der Arbeit durch das Unternehmen zu verbessern. Zu diesem Zweck beschäftigte sich das Transformationsteam mit einem breiten Spektrum an Aktivitäten, z. B. agilen Einführungstrainings, Coachings einer großen Anzahl von Teams und dem Erstellen einer Portfoliowand.

→

Die erzielten Fortschritte wurden in zweiwöchentlichen Sprint-Reviews besprochen. Daneben wurde der Fortschritt im Lenkungsausschuss diskutiert, der dem Vorstand schriftlich Bericht erstattete.

Die Grundlage für eine agile Reife nahm schnell messbar zu. Dadurch wuchs die Erkenntnis, dass die meisten Teams keinen direkten Kundenwert liefern konnten, weil es aufgrund der Domänenaufstellung der Organisation große Abhängigkeiten gab.

Zudem machte die Portfoliowand transparent, dass an vielen – ca. 30 – Epics gleichzeitig gearbeitet wurde und dass jedes Epic eine lange Durchlaufzeit hatte. Infolgedessen gab es die Tendenz, schnell noch mal mit einem weiteren Epic zu beginnen. So war jeder zumindest beschäftigt: Schließlich dauerte es in dieser Organisation lange, bis ein Epic fertig war. Der Fokus war viel zu breit ausgerichtet und wurde immer schneller verwässert.

Um die Sache noch komplizierter zu machen, standen dem Großteil des Teams neben der regulären Arbeit nur vier Stunden pro Woche für die Transformation zur Verfügung. Aufgrund dieses Mangels an Mandat und Schlagkraft des Transformationsteams konnten die notwendigen grundlegenden Änderungen nicht sofort umgesetzt werden. So verharrte die Organisation weiter in einem Durcheinander mit nicht ausreichender Fokussierung; viel länger als nötig wurde weniger oder gar nichts geliefert.

Iteratives Arbeiten löst die vielen Herausforderungen, mit denen sich ein Transformationsteam auseinandersetzen muss, nicht sofort, aber es macht sie transparent. Auch die Verfügbarkeit des Teams, um auf diese Herausforderungen zu reagieren, ist für die Durchführung der Transformation von wesentlicher Bedeutung.

Wie ein Scrum-Team arbeiten

Wie beschrieben, ist eine Transformation komplex. Somit ist die Nutzung des Scrum-Frameworks eine hervorragende Grundlage für das Transformationsteam. In jeder Iteration liefert das Team ein kleines Stück Organisationsveränderung aus. Daher gibt es in dem Team auch einen Product Owner der Transformation (den Transformations-Owner) und einen Scrum Master. Der Scrum Master sorgt dafür, dass sich das ganze Team ständig darüber im Klaren ist, dass es die Transformation in kleinen Stücken durchführt und Ergebnisse liefert.

Eine der ersten Entscheidungen, die Sie bei der Arbeit mit dem Scrum-Framework treffen, ist die Länge eines Sprints. Wie wird der Rhythmus sein? Wenn Sie einen Sprint-Rhythmus festlegen, achten Sie darauf, dass das Transformationsteam schneller als der Rest der Organisation lernt. Wenn die Teams hauptsächlich in einem zweiwöchentlichen Sprint-Rhythmus arbeiten, dann wählen Sie für sich eine oder zwei Wochen. Wie bei jedem Scrum-Team hängt die ideale Sprint-Länge von der Unvorhersehbarkeit der Arbeit ab. In unvorhersehbaren, stürmischen Phasen wollen Sie daher mit einem kürzeren Rhythmus arbeiten, um Risiken zu minimieren. Normalerweise ist dies zumindest am Anfang der Transformation der Fall, aber es kann auch dann nützlich sein, wenn große Veränderungen oder Störungen in anderen Unternehmensbereichen auftreten oder wenn sich auf dem Markt etwas ändert, das größere externe Veränderungen nach sich zieht. Beispielsweise hatte die Privatisierung des Gesundheitswesens große Auswirkungen gehabt, auch auf Unternehmen, die sich bereits seit Längerem im Umbruch befanden. In diesem Fall ist es sinnvoll, den Transformationsrhythmus wieder zu erhöhen.

FALLSTUDIE
Ein Transformationsteam mit einer Sprint-Länge von vier Wochen kehrt wieder zu einem einwöchigen Rhythmus zurück

In einem mittelständischen Unternehmen wurde eine agile Transformation in der Produktentwicklungsabteilung durchgeführt. Insgesamt waren ungefähr 200 Mitarbeiter in 25 Teams davon betroffen. Die Transformation fand unter der Verantwortung des Leiters der Produktentwicklung statt.

Ein Transformationsteam wurde aufgesetzt, in dem der Leiter die Rolle des Transformations-Owners übernahm. Im vierwöchentlichen Rhythmus erstellte dieses Team, bestehend aus externen Coaches und internen Managern, ein Backlog für die kommenden vier Wochen: welche Teams, das »Wie« und »Wer« des Coachings, welche Veränderungen, welche Trainings? Jeden zweiten Tag wurde ein kurzes Meeting abgehalten und der Fortschritt besprochen.

Was am häufigsten geschah: Die Arbeit verlief immer anders als erwartet. Teams steckten fest, Hilfeersuchen kamen von anderen Teams und Hindernisse mussten schnell beseitigt werden, was auf Kosten der geplanten Arbeit ging. Das Ergebnis: In jedem Vier-Wochen-Sprint wurde lediglich die Hälfte der geplanten

> Arbeit auch wirklich fertig. In einem Zeitraum von vier Wochen gab es einfach zu viel Dynamik, um das vorab alles planen zu können.
>
> Mit der Zeit wurde klar: Eines der Grundprobleme war, dass die Teams selbst mit zweiwöchigen Sprints arbeiteten. Wenn also ein Problem identifiziert wurde, musste das Transformationsteam das entweder sofort angehen – dann störte es den eigenen Sprint – oder in das Backlog für den nächsten Sprint aufnehmen. Letzteres hatte zur Folge: Wenn eine Lösung gefunden wurde, waren die Entwicklungsteams selbst manchmal schon drei Sprints weiter – dann war der Zug schon abgefahren.
>
> Eine Lösung wurde gefunden, indem man das Transformationsteam mit einwöchigen Sprints arbeiten ließ. Der Blick auf eine Woche in die Zukunft erwies sich als viel realistischer und besser planbar als der vierwöchentliche Zyklus. Ad-hoc-Themen und operative Arbeit konnten so auch besser eingeplant werden. Außerdem konnten Hindernisse der Entwicklungsteams oft noch innerhalb des laufenden Sprints beseitigt werden. Wir haben hieraus gelernt: Als Transformationsteam ist es besser, wenn Sie schneller und beweglicher sind als die Teams, die begleitet werden. Sprints von einer Woche sind fast eine obligatorische Dauer für eine gesunde Kadenz des Transformationsteams.

Schaffen Sie einen Rhythmus mit Sprint-Wechseln, Refinement und Zeit für Zusammenarbeit

Ein Sprint-Wechsel für das Transformationsteam kann mit den üblichen Scrum-Meetings verbunden werden: Daily Scrum, Sprint-Review, Sprint-Retrospektive und dann Sprint Planning. Es ist hilfreich, bei jedem dieser Meetings am Anfang das »Warum« zu betonen:

- **Ziel des Daily Standups**
  kontinuierliche Kontrolle über den aktuellen Sprint. Liefern wir das, was wir uns vorgenommen hatten, und welche Hindernisse verhindern dies? Wie können diese Hindernisse beseitigt werden?

- **Ziel des Sprint-Reviews**
  Rückblick auf das, was in der Transformation erreicht wurde und Blick nach vorne anhand des Transformations-Backlogs. Was ist die Wirkung der erreichten Schritte? Falls nötig, passen Sie das Backlog an. Nutzen Sie das Review

auch, um Feedback der Stakeholder einzuholen, von Mitarbeitern und auch der Geschäftsführung – machen Sie das Review dann auch öffentlich und laden Sie je nach Bedarf Stakeholder gezielt ein.

▸ **Ziel der Sprint-Retrospektive**
Rückblick auf die gemeinsame Zusammenarbeit während des abgelaufenen Sprints. Welche Anpassungen kann man vornehmen, um gemeinsam erfolgreicher zu sein?

▸ **Ziel des Sprint Planning**
Was ist das Ziel des kommenden Sprints und was wird das Team tun, um es zu erreichen?

Beim Sprint-Review sollten Sie die Stakeholder mit einbeziehen. Diese Transparenz über das Erreichte trägt zur Unterstützung dessen bei, was noch passieren wird. Darüber hinaus können sie wertvolles Feedback zu den Plänen geben und zu dem, was sie in der Organisation an Veränderung wahrnehmen.

Betonen Sie beim iterativen Arbeiten, dass sich das Transformations-Backlog nicht von alleine anpasst. Das kostet Zeit und Energie. Planen Sie daher in der Hälfte des Sprints ein Refinement ein, in dem Sie zusammen die nächsten Schritte der Transformation erarbeiten. Indem man sich ausführlich damit befasst, kann jeder im Team Verantwortung übernehmen und einen Beitrag zur gemeinsamen Zielerreichung leisten.

Schneiden Sie die Roadmap in kleine, konkrete Schritte

Die Transformations-Roadmap, die nun erstellt ist, weist wahrscheinlich viele Themen auf, an denen gearbeitet werden kann. Auch hier ist die Auswahl wichtig. Wählen Sie als Team maximal drei Themen für den kommenden Zeitraum. Konkretisieren Sie für diese Themen die Schritte, die nötig sind, um das nächste Ziel zu erreichen. Denken Sie nicht daran, was noch alles benötigt wird, sondern denken Sie erst einmal an das Minimum, das funktionieren könnte. Diese Schritte werden vom Transformationsteam aufgegriffen und immer wieder bewertet. Es geht darum, kleine, konkrete Schritte machen zu können, anstatt langfristige Wünsche und Ziele zu formulieren, die nie erreicht werden können.

Gehen Sie regelmäßig einen Schritt zurück, um den kompletten Fortschritt zu begutachten

Beim Rhythmus der Veränderung während einer Transformation geht es nicht nur um kurze Veränderungssprints, sondern auch um den Rhythmus mit Momenten des längeren Innehaltens, in denen die übergreifenden großen Schritte einer Transformation betrachtet werden. Eine Möglichkeit, regelmäßig über den Gesamtfortschritt und die Richtung der Transformation nachzudenken, besteht darin, jedes Quartal einen oder zwei Tage in Form eines Offsite-Meetings mit dem Transformationsteam zu verbringen. Laden Sie hierzu ruhig Stakeholder ein, um auch Input von außerhalb des Transformationsteams zu erhalten. Es wird besonders wirkungsvoll, wenn Sie die Ergebnisse einer Wiederholung der Analysen und Messungen nutzen können (siehe Schritt 2, Seite 49 und Schritt 8).

Los geht's

Wenn Sie nun mit der Durchführung in Iterationen loslegen, dann denken Sie an die folgenden konkreten Schritte:

- Überdenken Sie, wer Teil des Transformationsteams ist.
- Legen Sie fest, wer die Rolle des Transformations-Owners übernimmt.
- Stellen Sie einen Coach für das Transformationsteam zur Verfügung.
- Treffen Sie explizite Absprachen über den Einsatz eines jeden Einzelnen; mehr als 70 Prozent Engagement ist gewünscht.
- Planen Sie den Rhythmus des Transformationsteams.
- Legen Sie die Review- und Evaluationszeitpunkte für die Transformation fest.
- Legen Sie los, lernen Sie dazu und verbessern Sie sich weiter, auch bezüglich des gewählten Rhythmus.

12 SCHRITT 8 – Durchführung der Transformation: Messen Sie den Fortschritt

Einleitung

Agile Transformationen nehmen viel Zeit in Anspruch und verlaufen immer anders, als man vorab dachte. Um die gewünschten Ergebnisse zu erzielen, muss man regelmäßig Anpassungen vornehmen. Je mehr das quantitativ gemacht werden kann, desto erfolgreicher ist die Anpassung. In gewisser Weise ist eine Quantifizierung schwierig, da es sich um Menschen und Verhalten handelt. Dies lässt sich oft weniger leicht in Zahlen ausdrücken als harte Geschäftsergebnisse. Dennoch gibt es verschiedene Möglichkeiten, Einblicke in die Wirkung der Transformationsbemühungen zu gewinnen. Sobald die Wirkung sichtbar wird, wird auch der Beweis für den Erfolg der Veränderung erbracht. Auf dieser Grundlage kann die Transformation fortgesetzt oder zumindest die Dynamik aufrechterhalten werden.

Warum den Fortschritt der Transformation messen?

Ein Transformationsteam trifft unweigerlich Annahmen auf der Grundlage der zu diesem Zeitpunkt bekannten Informationen. Diese Informationen erhält das Transformationsteam oft zufällig. Man spricht jemanden auf dem Gang an, jemand schickt eine besorgte Mail oder man beobachtet etwas während eines Workshops. Die Erkenntnisse, die man dadurch erhält, sind immer subjektiv. Das ist logisch, und auf der Grundlage dieses Wissens können viele Anpassungen vorgenommen werden.

Allerdings gibt es einen Haken bei diesem Ansatz. Man schafft sich damit immer eine eigene Wirklichkeit, bei der man noch nicht alles weiß. Es ist unklar und unbekannt, wo das kollektive Wissen von dem abweicht, was wirklich in der Organisation vor sich geht. Wenn jemand kritische Fragen zum Verlauf der

Transformation stellt, gibt es nur wenig harte Fakten, auf die man zurückgreifen kann.

Indem Sie tatsächlich messen, schaffen Sie ein Verständnis des Fortschritts auf Basis von Fakten und Sie lernen, die Realität besser abzubilden. Das wird auch von den Teams erwartet, sodass Sie auch hier als Vorbild fungieren können. Oder stärker noch: Gehen Sie damit bei der Veränderung voran.

Wie misst man den Fortschritt der Transformation?

Wie Messungen genau angewendet werden, unterscheidet sich je nach Zeitpunkt und Organisation und sogar je nach Abteilung und Team. Es ist unmöglich, hier exakte Angaben zu machen. Wir können jedoch Beispiele geben und Möglichkeiten vorschlagen, wie man vorgehen kann. Mittlerweile gibt es genügend Praxiserfahrung mit der Herstellung von Transparenz in agilen Transformationen. Die Kunst ist, aus den vielen Möglichkeiten die Messung auszuwählen, die am relevantesten ist.

Machen Sie die externen Ergebnisse der Organisation messbar und transparent

Es ist am wirkungsvollsten, wenn die Ergebnisse der Transformation direkt an den Ergebnissen abgelesen werden können, die in der Praxis mit dem Produkt oder für die Wertschöpfungskette erzielt wurden. Diese lassen sich nach dem Wert für die Organisation selbst, für die Kunden und für die Gesellschaft einteilen. Denken Sie hierbei an finanzielle Ergebnisse wie Umsatz, Wachstum, Marktanteile, Margen und Konversionsrate sowie an Kundenzufriedenheit und Einfluss auf die Gesellschaft als Ganzes[5]. Jede Organisation und jeder Product Owner muss für sich selbst entscheiden, welcher Wert zu welchem Zeitpunkt am schwersten wiegt, beispielsweise indem eine »Definition of Value« erstellt wird.

---

5. Siehe beispielsweise die niederländische Initiative Impact Institute für das Messen der Auswirkung auf die Gesellschaft: *https://www.impactinstitute.com/*.

Es ist am wirkungsvollsten, wenn die Ergebnisse der Transformation direkt an den Ergebnissen abgelesen werden können, die in der Praxis mit dem Produkt oder für die Wertschöpfungskette erzielt wurden.

Manchmal wird sich eine Organisation auch dafür entscheiden, eine Zeitlang weniger ehrgeizige finanzielle Ziele zu verfolgen, weil die Transformation auch als Investition betrachtet wird, um in Zukunft auf ganz andere Weise Mehrwert zu schaffen. Vieles von den tatsächlichen Auswirkungen einer Transformation wird oft erst nach ein paar Jahren deutlich werden.

Um die externen Ergebnisse transparent zu machen, können Sie beispielsweise eine Übersicht erstellen oder einen Ort im Obeya-Raum (japanisch für großen Raum) einrichten, wie im Verankerungsthema 4 »Messen und Abstimmen« (siehe Seite 185) beschrieben. Dieser Abschnitt enthält auch praktische Möglichkeiten zur Einrichtung von Metriken, wie z. B. der Gebrauch von OKRs[6].

Machen Sie den internen Fortschritt und die Auswirkungen der Transformation messbar und transparent

Um den Fortschritt und die Auswirkungen der Transformation messbar und transparent zu machen, können auch interne Messungen wertvoll sein. Beispiele für diese Indikatoren sind: Tatkraft/Zufriedenheit (der Teams und Stakeholder), Time-to-learn (Experimentierschnelligkeit), Teamstatus (z. B. Reifegrad oder Veränderungspotenzial) und Fokusfaktor (der Grad, in dem an einer Sache gleichzeitig gearbeitet wird).

Eine praktische Art, Messungen auszuwählen, die auf die Transformationsziele einzahlen, ist die Arbeit mit OKRs (siehe Seite 189). Neben den OKRs der Transformation kann jedes Team auch seine eigenen OKRs definieren, sodass jedes Mal die Messungen durchgeführt werden, die am besten aufzeigen, ob die festgelegten Ziele erreicht worden sind.

---

6. Anm. d. Übers.: Objectives and Key Results ist ein Managementsystem zur zielgerichteten und modernen Mitarbeiterführung. Es ist ein Rahmenwerk zur Zielsetzung (*Objectives*) und Messung von Ergebniskennzahlen (*Key Results*) (*https://de.wikipedia.org/wiki/Objectives_and_Key_Results*).

Auch hier gilt, dass der Obeya-Raum ein guter Ort ist, um die Ergebnisse transparent zu machen.

Es ist wichtig zu wissen, dass beide Messungen, sowohl die internen als auch die externen, zu einer erfolgreichen Transformation beitragen. Wenn sich das Gleichgewicht zu sehr auf die eine oder andere Seite verschiebt, dann hat das Folgen für die Unterstützungsbasis, wie die folgende Fallstudie zeigt.

> **FALLSTUDIE**
> **Vom Fortschritt zum Einfluss der Transformation**
>
> Während der Transformation einer der Abteilungen einer großen internationalen Organisation lag der Schwerpunkt des Transformationsteams auf dem Aufbau und der (agilen) Entwicklung der Teams. Insgesamt 80 Teams sollten über einen Zeitraum von 12 Monaten mit dem Scrum-Framework arbeiten. Alle Teams waren darauf ausgerichtet, interne Prozesse zu unterstützen und anderen Abteilungen Systeme bereitzustellen. Da die »Kunden« dieser Teams hauptsächlich andere Abteilungen (Kollegen) waren, bestand bei den Managern vor allem das Bedürfnis nach Kontrolle. Bei Problemen wollten sie nachweisen können, dass es nicht an ihnen lag. Das hatte sich historisch so entwickelt: Bei Problemen wurde ihnen immer die Schuld gegeben, während die Ursachen fast immer außerhalb ihres Einflusses lagen.
>
> Der große Vorteil, hier agil zu arbeiten, bestand darin, dass die Product Owner aus anderen Abteilungen stammen sollten; dadurch sollte konstruktiver zusammengearbeitet werden. Um schnell auf Fragen und Ideen aus den Abteilungen reagieren zu können, wurden stabile Teams gebildet, die sich auf die Unterstützung einer Abteilung und deren Systeme konzentrierten.
>
> Die Messungen richteten sich hauptsächlich auf die internen Fortschritte und Auswirkungen. Wie viele Teams haben bereits begonnen und inwieweit läuft die Inbetriebnahme der Teams nach Plan? Es gab einen riesigen Obeya-Raum, in dem der Status für 25 Kriterien pro Team festgehalten wurde. Team ausgebildet? Product Owner ernannt? Trainiert? Grundlegende Scrum-Kenntnisse vorhanden? Tatkraft und Zufriedenheit des Teams? Und die der Product Owner? Und so weiter. Schritt für Schritt wurden die Teams auf die nächste Stufe gebracht. Jedes Kriterium für jedes Team stand auf einem eigenen Post-it. 80 Teams, 25 Kriterien pro Team – rechnen Sie mal nach. Der Raum war mit Post-its tapeziert.

→

> Während eines Spaziergangs mit einem Mitglied der Geschäftsführung (Gemba Walk genannt) wurde jedes Mal zur großen Frustration des verantwortlichen Transformationsmanagers gefragt: Ja, aber was bringt uns das, was ist die Wirkung eines Teams? Immerhin standen alle Indikatoren für den internen Fortschritt in seinem Obeya-Raum immer auf grün, die Transformation verlief also sehr gut! Aber es gab nur Fragen zur Außenwirkung.
>
> Einer der Coaches erstellte sofort ein Poster mit den wichtigsten Indikatoren der Transformation: Durchlaufzeit, Qualität und Kundenzufriedenheit. Für jede Abteilung, an die geliefert wurde, wurden Statistiken über die Zeit gezeigt. Zwei Monate später signalisierte der Abteilungsleiter, wie zufrieden er mit diesem Poster war, weil er ständig Fragen zum Kosten-Nutzen-Verhältnis der agilen Transformation bekam, hauptsächlich von seinem CFO (Chief Financial Officer). Anhand der externen Indikatoren konnte er mühelos zeigen, dass sich die Durchlaufzeit und vor allem die Qualität der Systeme deutlich verbesserte. Gemessen an der Investition in die agile Transformation ergab dies eine sehr positive Rendite, sodass der CFO keine Fragen mehr stellte.
>
> Zurückblickend hätten wir diese Auswirkungen viel früher transparent machen können. Oft sind alle, mit denen man direkt zusammenarbeitet, so begeistert während der Transformation, dass vergessen wird, die Außenwirkung zu messen. Viele Menschen im Umfeld sehen oder erleben die Auswirkungen jedoch nicht direkt.

Sorgen Sie für ein Gleichgewicht aus Früh- und Spätindikatoren

Manche Indikatoren beziehen sich auf die Endergebnisse. Das sind die Spätindikatoren. Sie zeigen, welche Ergebnisse erzielt oder nicht erzielt wurden. Tatsächlich zeigen sie die Wirksamkeit vergangener Maßnahmen.

Andere Indikatoren sind eher vorausschauend. Sie zeigen an, ob die Zukunft gut aussieht. Das sind die Frühindikatoren. Wenn diese gut aussehen, dann werden die Spätindikatoren wahrscheinlich auch gut ausfallen. Ein einfacher Vergleich: Abnehmen (weniger Gewicht) ist ein Ergebnis, das langfristig zeigt, ob die Maßnahmen aus der Vergangenheit wirksam waren (Spätindikator). Frühindikatoren beim Abnehmen können sein: geringere Kalorienaufnahme und mehr Bewegung.

Versuchen Sie bei agilen Transformationen das Verhältnis von Früh- und Spätindikatoren zu überwachen. Zu viele Spätindikatoren lassen wenig Raum, aus der Gegenwart zu lernen. Aber wenn man sich zu sehr auf Frühindikatoren konzentriert, gerät das größere Bild aus dem Blick. Beispiele für Spätindikatoren in agilen Transformationen sind Marktanteile und Kundenzufriedenheit; Beispiele für Frühindikatoren sind Release-Häufigkeit und Teamzufriedenheit. Die Wahl der Früh- und Spätindikatoren hängt auch vom Reifegrad der Organisation ab. Reifere Teams sind oft in der Lage, eigene Frühindikatoren zu erstellen, die mit den Spätindikatoren zusammenhängen.

Erzeugen Sie Aufmerksamkeit, auch für weniger messbare Ergebnisse

Es ist von entscheidender Bedeutung, das Engagement bei einer agilen Transformation zu bewahren. Oft wird mit großer Begeisterung gestartet, weil Nützlichkeit und Notwendigkeit klar sind und gelebt werden.

> *Planen Sie daher bei der Gestaltung der Transformation nicht nur Zeit für die Veränderungsmaßnahmen ein, sondern mindestens genauso viel Zeit, um Ergebnisse sichtbar zu machen und zu feiern.*

Doch wenn die Ergebnisse ausbleiben und die Wirkung der Anstrengungen nicht erlebt wird, dann verliert eine Transformation schnell an Dynamik. Und das ist schade. Das ist auch der Grund, warum der Ansatz in diesem Buch auf iterativen Transformationen basiert. Dadurch werden kurzzyklische Verbesserungen erzielt und Zwischenergebnisse kommen viel früher an die Oberfläche.

Das bedeutet aber nicht, dass alle Beteiligten das auch sehen und erleben. Zudem ist (der Start vom) Messen manchmal einfach schwierig. Ein Erfolg auf der einen Seite der Organisation bleibt auf der anderen Seite meist unbemerkt. Ein gutes Ergebnis in einem Team wird andere Teams nicht dazu ermutigen, dies auch zu erreichen, wenn sie davon nichts wissen. Planen Sie daher bei der Gestaltung der Transformation nicht nur Zeit für die Veränderungsmaßnahmen ein, sondern mindestens genauso viel Zeit, um Ergebnisse sichtbar zu machen und zu feiern.

Nutzen Sie hierfür z. B. große Versammlungen oder ein Sprint-Review des Transformationsteams. Halten Sie diese Meetings kurz, z. B. maximal eine Stunde. Während dieser Stunde werden Erfolge geteilt, die Messungen rund um das

»Warum« werden besprochen und es gibt Gelegenheit, Fragen zu stellen. Die Teams oder die Personen mit besonderen Ergebnissen werden ins Rampenlicht gestellt. Das muss nicht immer das leistungsstärkste Team sein. Es kann auch das Team sein mit der schnellsten Verbesserung oder das Team, das als erstes ein Thema aufgegriffen hat. Es spielt keine Rolle, solange die positiven Geschichten geteilt werden und jeder sieht, dass der Erfolg Wertschätzung und Aufmerksamkeit erfährt. Es gibt sogar Unternehmen, bei denen man sich auch über Fehler freut. Das »Feiern« von Misserfolgen sendet das klare Signal, dass Fehler erlaubt sind, solange man etwas aus ihnen lernt.

FALLSTUDIE
Qualitative KPIs (Key Performance Indicators) auf der Roadmap der Geschäftsführung

Bei der Transformation eines mittelständischen Unternehmens mit 15 Teams hatte die Geschäftsführung beschlossen, selbst agil zu arbeiten – als erstes Team. Die Mitglieder der Geschäftsführung wollten damit Erfahrung sammeln und zeigen, dass es wirklich das Ziel war, dass alle Teams agil arbeiten sollten. Vor allem das erste Argument war für sie entscheidend: Sie wollten sicherstellen, dass sie bei internen Diskussionen und Fragen aus eigener Erfahrung sprechen konnten.

Konkret wurde auf dem Flur in der Geschäftsführungsetage ein Board mit der Roadmap für das ganze Jahr aufgestellt, auf dem das kommende Quartal weiter ausgearbeitet wurde. Zudem arbeiteten sie in einwöchigen Sprints an Aufgaben, die sie von der Roadmap zogen. Dies galt für alle Managementaufgaben. Die komplette gemeinsame Arbeit war auf dem Board und der Roadmap ersichtlich. Sie hatten täglich ein Daily Standup um 8:40 Uhr am Board; wenn jemand nicht physisch am Board stehen konnte, wurde er virtuell hinzugeschaltet.

Das Board bestand aus ungefähr 15 Swimlanes für die strategischen Themen, an denen sie als Geschäftsführung arbeiteten. Darüber hinaus hatten sie in der Mitte des Boards eine Spalte mit acht Indikatoren zur Messung ihres Erfolgs eingerichtet: Mitarbeiterzufriedenheit, Veränderungsgeschwindigkeit, Kosten, Servicequalität, NPS der Kunden[7], Zufriedenheit der Regulierungsbehörden und so weiter.

---

7. Anm. d. Übers.: Net Promoter Score ist eine Kennzahl zur Kundenzufriedenheit.

> Anfangs gab es nicht für jede Metrik Zahlen. Sie zögerten auch, jede Zahl im Detail an das Board zu hängen. Manche Informationen fanden sie so sensibel, dass sie sie nicht einfach herausgeben wollten. Daher hatten sie für jede Metrik einen farbigen Smiley erstellt: grün für fröhlich, orange für neutral und rot für unzufrieden. Diese klebten sie bei jedem Meeting an die Metrik. Die Smileys gaben an, wie zufrieden das Team mit dem aktuellen Wert der Kennzahl war.
>
> Das erwies sich als ein guter Start für die Messungen. Es geht nicht immer um exakte Zahlen. Oft geht es darum, ob man zufrieden ist und was man konkret tun wird, um es zu verbessern. Qualitative Smileys sind dann besser als nichts.

Außerdem geht es um die Geschichten, die erzählt werden. Der Erfolg einer Transformation und die Energie, weiterzumachen, sind oft in dem Gefühl begründet, dass es gut läuft, dass es in die richtige Richtung geht und dass alles gut werden wird. Gefühle sind schwer zu qualifizieren, aber durch das Erzählen von Geschichten umso leichter zu quantifizieren! Menschen fällt es leicht, sich gegenseitig Geschichten zu erzählen, ob am Lagerfeuer oder woanders. Wir sind soziale Wesen und lieben das. Gerade deswegen müssen Geschichten geteilt werden. Die oben genannten Versammlungen sind dafür genau richtig, aber es kann auch nützlich sein, z. B. kurze Videos zu drehen oder ein Team für die Unternehmenszeitung oder die Website zu interviewen. Wie Sie es machen, ist egal, aber sorgen Sie dafür, dass die Geschichten über die Erfolge und Lernerfahrungen erzählt werden. Auf diese Weise erhält die agile Transformation weiterhin die Aufmerksamkeit, die sie verdient, und die Energie der Beteiligten wird regelmäßig aufgefrischt.

Egal wie, gehen Sie als Transformationsteam vorweg. Beginnen Sie mit der einfachsten Art von Messungen und Transparenz, um ein Gespräch in Gang zu bringen. Sie werden während der Transformation noch ständig mehr über Messungen lernen.

Los geht's

Wenn Sie nun mit dem Messen und Justieren loslegen, dann denken Sie an die folgenden konkreten Schritte:

- Seien Sie als Transformationsteam ein Vorbild in Bezug auf Fortschrittsmessung und Wirkung ihrer Arbeit, z.B. mit OKRs (siehe auch das Verankerungsthema 4 »Messen und Abstimmen«, Seite 185).
- Ermutigen Sie die Organisation und die Teams, den Fortschritt und die Wirkung ihrer Arbeit zu messen.
- Nutzen Sie die Erkenntnisse aus den Messungen für den Rhythmus des Transformationsteams und übersetzen Sie dies in die Transformations-Roadmap.
- Schenken Sie jedem Fortschritt der Transformation Aufmerksamkeit, z.B. durch den Austausch von Geschichten.

TEIL C
Was sollte man verändern und was verankern in einer agilen Transformation?

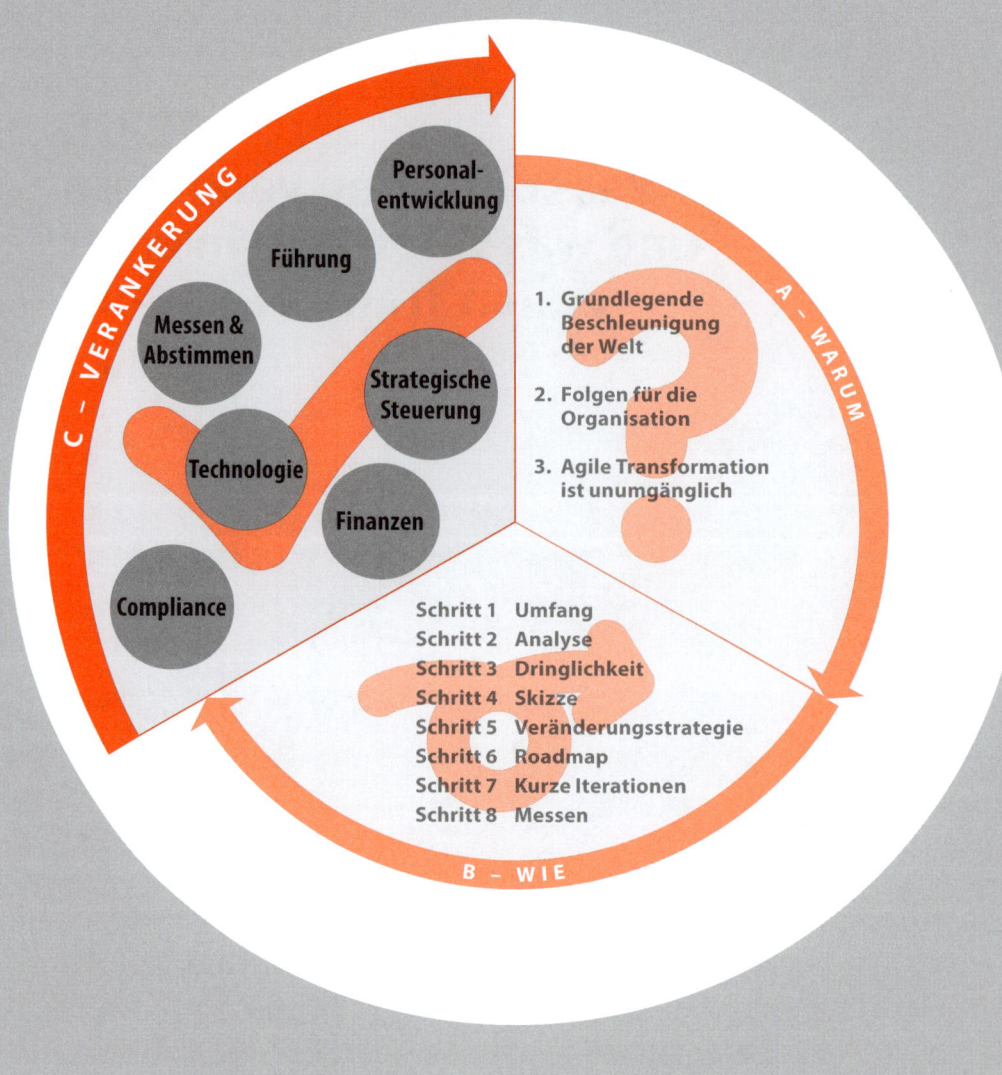

13 Allgemein: Verankerung in Struktur und Kultur

Einleitung

In diesem dritten Teil des Buches gehen wir detaillierter darauf ein, was sich am »Betriebsmodell« einer Organisation verändern muss, um die Transformation vollständig durchzuführen und zu verankern. Wenn Sie mit der Veränderung beschäftigt sind, dann gilt Ihre Aufmerksamkeit vor allem der Erneuerung. Sie konzentrieren sich darauf, Dinge anders zu machen. Wenn dies aber nicht in den zugrunde liegenden Strukturen und der Kultur verankert wird, dann ist das Ergebnis einer Transformation in der Regel nicht nachhaltig. In diesem Teil des Buches werden wir uns praxisnah mit einer Reihe von Verankerungsthemen befassen. Damit werden wir den einzelnen Themen sicher nicht gerecht; man könnte über jedes einzelne Thema ein eigenes Buch schreiben, so interessant und komplex ist die ganze Thematik. Für die Lesbarkeit dieses Buches mussten wir uns jedoch auf gewisse Punkte beschränken, und somit besprechen wir die Verankerungsthemen in Bezug auf die agile Transformation und das agile Transformationsteam.

Warum ist die Verankerung in Struktur und Kultur in einer agilen Transformation so wichtig?

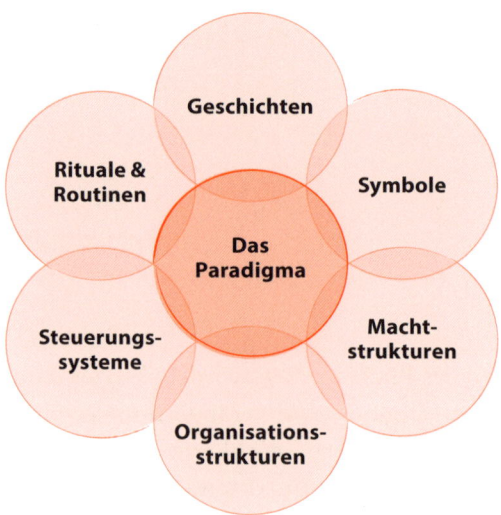

Struktur- und Kulturveränderung gehen Hand in Hand. Darüber hinaus ist es ein Prozess, der Zeit braucht. Das empfinden nicht nur wir so. Gerry Johnson beschreibt in seinem Whitepaper[1] ein praktisches Modell für einen Paradigmenwechsel – die Transformation zu agil –, in dem sechs Punkte genannt werden, die Einfluss auf den Wandel haben (siehe die Abbildung oben). Drei sind dem Bereich der Struktur zuzuordnen: Machtstrukturen, Organisationsstrukturen und Steuerungssysteme. Und drei dem Bereich der Kultur: Rituale & Routinen, Geschichten und Symbole.

Agilität stützt sich sehr stark auf eine Struktur und Kultur, die in den meisten Organisationen noch nicht vorhanden sind. Um Agilität wirklich zu verankern, bedarf es daher eines Paradigmenwechsels. Es erfordert einen Perspektivwechsel über die gesamte Organisation hinweg – in der Art zu arbeiten, in Prozessen und Strukturen sowie in Bezug auf Führungsstil und Kultur. Eine agile Kultur basiert auf Sinnstiftung, Vertrauen, Transparenz, Experimentieren, Selbstorganisation, Eigenverantwortung und kontinuierlicher Verbesserung. Um dorthin zu gelan-

---

1. Mapping and Re-Mapping Organisational Culture: A Local · Government Example – Gerry Johnson, *https://pdf4pro.com/view/mapping-and-re-mapping-organisational-2a4556.html*.

gen, bedarf es oft einer tiefgreifenden Veränderung, bei der vorherrschende Werte, Normen und Prinzipien zur Diskussion gestellt werden.

Bei der Transformation hin zu einer agilen Arbeitsweise scheint die (nicht agile) Kultur eines der größten Hindernisse zu sein. Das wird durch die jährlichen Studien von VersionOne zur globalen Anwendung von Agilität untermauert (siehe z. B. The 13th annual state of Agile Report, 2019).

> *Um Agilität wirklich zu verankern, bedarf es daher eines Paradigmenwechsels. Es erfordert einen Perspektivwechsel über die gesamte Organisation hinweg.*

Aus dieser Studie geht hervor, dass das größte Hindernis auf dem Weg zu einer agilen Organisation darin besteht, dass die gegenwärtige Kultur mit den agilen Werten in Konflikt steht (52%). Es ist verlockend, sich bei einer agilen Transformation vor allem auf Prozesse und Werkzeuge zu konzentrieren. Diese haben aber nur dann einen nachhaltigen Effekt, wenn sie mit einer Veränderung des Verhaltens der Menschen und der Organisationskultur einhergehen. Natürlich ist es schwierig, eine Kultur zu beschreiben, weil sie sich nicht nur im Verhalten, sondern auch im Nichtbenennbaren zeigt. So wie beispielsweise die Temperatur sinkt, wenn eine Führungskraft hereinkommt, oder ansteigt, wenn ein bestimmter inspirierender Kollege den Raum betritt. Es handelt sich dabei um eine mühsame, aber entscheidende Veränderung, die sich in allen möglichen täglichen Entscheidungen und Handlungen widerspiegelt. Deswegen erfordert dies jeden Tag die Aufmerksamkeit in der gesamten Organisation.

Der zweite Stützpfeiler der Agilität ist die Struktur einer Organisation. Denken Sie dabei an den Schritt zum Arbeiten in selbstorganisierten Teams, das Loslassen der projektbasierten Steuerung und an neue Wege der Beurteilung und Belohnung. Sobald eine Organisation Schritte in der agilen Transformation unternimmt, werden Menschen mit der Tatsache konfrontiert, dass bestimmte Prozesse und Strukturen nicht helfen, sondern der gewünschten Arbeitsweise entgegenwirken. Man fragt sich z. B., warum immer noch im Detail die Zeiten erfasst werden oder warum Belohnung nicht auf Basis von Teamzielen erfolgt. Die Kultur bestimmt, ob Menschen zum Handeln ermutigt werden oder einfach abwarten und sich vor allem beschweren. Können die Menschen mit einer agilen

Denkweise reagieren oder bestimmt die Kultur, dass die Mitarbeiter lieber ihren Mund halten?

Struktur und Kultur stehen im Einklang miteinander. Stärker noch: Die Kultur beeinflusst die Struktur und umgekehrt. Die Veränderung wird Schritt für Schritt erfolgen. Die Veränderung der Struktur wird am sichtbarsten sein, aber die Kultur passt sich gleichzeitig an.

Unsere Erfahrung ist, dass Transformationen vor allem »scheitern«, weil die agile Sichtweise unzureichend implementiert und verankert wird, sowohl in der Struktur als auch in der Kultur.

> *Unsere Erfahrung ist, dass Transformationen vor allem »scheitern«, weil die agile Sichtweise unzureichend implementiert und verankert wird, sowohl in der Struktur als auch in der Kultur.*

Deswegen fallen Menschen und Organisationen im Laufe der Zeit wieder in alte Gewohnheiten zurück. Solange die Aufmerksamkeit vorhanden ist, funktioniert es, aber sobald sie nachlässt oder wenn es ans Eingemachte geht, dann funktioniert es nicht mehr. Agilität wird dann manchmal als »für unsere Organisation ungeeignet« abgeschrieben.

Wie verankert man etwas in Struktur und Kultur?

Verankern in Struktur: Machtstrukturen, Organisationsstrukturen und Steuerungssysteme

Es gibt viele Strukturen in einer Organisation, die während einer agilen Transformation zu irgendeinem Zeitpunkt verändert werden. Was man hier verändert und wie man das tut, wird an unterschiedlichen Stellen in diesem Buch gezeigt:

▸ Die Organisationsstrukturen, siehe z.B.:
   ▸ Schritt 4: Erstellen Sie eine Skizze (Seite 69)
   ▸ Verankerungsthema 1: Personalentwicklung (Seite 143)
   ▸ Verankerungsthema 7: Technologie (Seite 209)

- Die Machtstrukturen, siehe z. B.:
  - Schritt 4: Erstellen Sie eine Skizze (Seite 69)
  - Verankerungsthema 2: Führung (Seite 159)
  - Verankerungsthema 3: Strategische Steuerung (Seite 173)

- Die Steuerungssysteme, siehe z. B.:
  - Verankerungsthema 4: Messen und Abstimmen (Seite 185)
  - Verankerungsthema 5: Finanzen (Seite 193)
  - Verankerungsthema 6: Compliance (Seite 203)

Um sicherzustellen, dass die neuen Strukturen und Prozesse angemessen verankert sind, müssen das Transformationsteam und die Verbesserungsteams darauf achten, dass diese erfasst und kommuniziert werden und dass Ownership dafür übernommen wird.

Verankern in Kultur: Symbole, Geschichten, Rituale und Routinen

Kultur ist manchmal nicht greifbar. Dennoch ist es hilfreich, die gewünschte Kultur – die es vermutlich noch nicht gibt – anhand von Symbolen, Geschichten, Ritualen und Routinen zu konkretisieren. Es hilft dann, so zu tun, als ob der Kulturwandel bereits stattgefunden hat und ein voller Erfolg war. Warum? Weil man danach dann alle Abweichungen von dieser neuen Kultur sofort korrigieren kann. Das ist z. B. auch der Vorteil einer »Big-Bang-Transformation«. Es ist klar, was gewünscht ist, somit können Abweichungen vom gewünschten Verhalten sofort korrigiert werden. In Situationen, bei denen Alt und Neu über einen langen Zeitraum nebeneinander herlaufen, besteht das Risiko, dass diese Mischung zur neuen Kultur wird. Und das führt zu noch mehr Unklarheiten.

Erstellen Sie Symbole

Eine Möglichkeit, die gewünschte Kulturveränderung explizit zu machen, besteht darin, gemeinsam ein Organisationsmanifest zu erarbeiten und dieses als Symbol zu verwenden. Sie können z. B. auf der einen Seite das Verhalten beschreiben, von dem Sie sich verabschieden wollen, und auf der anderen Seite das gewünschte Verhalten. Wenn Sie das Ergebnis auf ein Poster schreiben und dieses an mehreren Stellen im Gebäude aufhängen, können Mitarbeiter regelmäßig darüber nachdenken und sich auch darauf beziehen. Dieselbe Übung kann auch auf Teamebene durchgeführt werden, sodass Teammitglieder sich schneller gegenseitig auf unerwünschtes Verhalten ansprechen und erwünschtes Verhalten anregen können.

Es gibt noch viele weitere Symbole, die zu einem Kulturwandel beitragen können:

- Ein pharmazeutisches Unternehmen hat in jedem Besprechungsraum einen roten Stuhl aufgestellt, der den Patienten symbolisiert, dessen Bedürfnis niemals aus den Augen verloren werden darf.
- Manche Teammitglieder benutzen ein physisches Elmo-Stofftier – als Abkürzung für Enough, let's move on[2] –, um sich gegenseitig daran zu erinnern, dass die Besprechung wieder weitergehen kann.
- Ein Firmen- oder Teamlogo ist ein starkes Symbol für Einheit.

> **FALLSTUDIE**
> **Kulturwechsel durch ein Mehr/Weniger-Poster transparent machen**
>
> Bei einer großen sozialen Organisation wurde agiles Arbeiten eingeführt. Das Transformationsteam sprach regelmäßig auch über Kultur: Wie kann man expliziter mit ihr umgehen? Dinge zu verstehen, ist eine Sache, es wirklich zu tun, eine andere.
>
> Es wurde ein Poster mit Verhaltensbeispielen erstellt: Was wollen wir mehr sehen und was weniger? Diese Beispiele wurden für die fünf kulturellen Organisationswerte ausgearbeitet, die es bereits gab. Für jeden dieser fünf Werte wurden Beispiele für Verhaltensweisen aufgeführt, von denen mehr oder weniger gewünscht wurden.

---

2. Anm. d. Übers.: Genug, machen wir weiter.

Kultureller Wert	Mehr	Weniger
Ergebnisorientierung	80-20 – gut ist gut genug	Perfektionismus
Zusammenarbeiten	Helfen und um Hilfe bitten	Das Rad jedes Mal selbst erfinden wollen
Eigenverantwortung	Verantwortung übernehmen oder investieren	Abtauchen und Dinge von links nach rechts schieben
Effektivität	Kürzere Meetings	Chaotische Meetings, die Stunden dauern
Kontinuierlich verbessern	Sich in Kunden oder Kollegen hineinversetzen	Undifferenzierte Kritik

Mithilfe dieses Posters konnten Geschichten erzählt und Kultur konkretisiert werden und man konnte sich gegenseitig auf (un)erwünschte Verhaltensweisen aufmerksam machen.

Die Idee des Posters funktionierte sehr gut. Aber Gespräche darüber zu führen, war kein Selbstläufer. Als das Poster zum ersten Mal aufgehängt wurde, sprach man darüber, danach aber nicht mehr. Als man dies erkannte, wurde entschieden, dass die Coaches und Scrum Master das Poster in die Retrospektiven der Teams mitnehmen sollten. Dies führte zu vielen wertvollen Gesprächen und gab dem Kulturwandel einen neuen Impuls.

Teilen Sie Geschichten

Auch der Austausch von Geschichten ist ein wirkungsvolles Instrument, um kulturellen Wandel aufzuzeigen und zu verstärken. Das kann in Form eines Blogs oder Videos geschehen, in dem ein Mitarbeiter die persönlichen Erfahrungen teilt und man Menschen buchstäblich eine Bühne gibt.

Das vorbildliche Verhalten eines Führungs- oder Transformationsteams hat in der Regel einen großen Einfluss auf den Rest der Organisation. Seien Sie daher selbst das Abbild der gewünschten Kultur, wobei Authentizität enorm wichtig ist. Nur mit einer tiefverwurzelten, aufrichtigen Verbindung mit den kulturellen Überzeugungen werden Menschen aktiviert. Belohnen Sie das gezeigte Verhalten, unabhängig von den Ergebnissen. Eine agile Kultur basiert auf Sinnstiftung,

Vertrauen, Transparenz, Experimentieren, Selbstmanagement, Eigenverantwortung und kontinuierlicher Verbesserung. Stellen Sie sicher, dass diese Prinzipien in der gesamten Organisation verbreitet und angeregt werden.

Geschichten stärken auch die Identität einer Organisation und die Kraft der Transformation, insbesondere solche Geschichten, die sich vom »alten Verhalten« distanzieren. Wenn das Warum der Transformation (Schritt 3, Seite 61) regelmäßig in den Geschichten der Organisation auftaucht, verstärkt dies das Gefühl und das Bild der notwendigen Veränderung und des Beitrags, den die Menschen dazu leisten.

FALLSTUDIE
Die Geschichte von Denken und Handeln

Ein großes Versorgungsunternehmen hat seit einiger Zeit mit der Organisationskultur zu kämpfen. In diesem Unternehmen, in dem viele Wissensarbeiter, oft mit Universitätsausbildung, präzise und perfektionistisch arbeiteten, kamen neue Ideen und Initiativen zur Verbesserung der Dienstleistung und des Managements nur schwer ins Rollen. Oft wurde nach einer noch perfekteren Lösung gesucht, und es fiel den Mitarbeitern schwer, ihre Arbeit schnell zu liefern und zu teilen.

Die Anwendung von Scrum oder Kanban in den Teams bot nur einen Teil der Lösung. Obwohl es bei manchen Teams funktionierte, blieb es für die Teammitglieder, ihr Umfeld und das Führungsteam dennoch schwierig, sich von der Vorstellung zu lösen, dass alles perfekt sein müsse.

Die Abteilungsleiterin beschloss, die Dinge anders zu machen. Zusammen mit einigen Mitarbeitern, Kommunikationsexperten und Führungskräften schrieb sie die Geschichte der Abteilung neu. Sie veröffentlichte die Geschichte in einem kleinen Buch mit dem packenden Titel: ... (Abteilungsname) *macht*!

Die Geschichte erzählte von den Verhaltensweisen und den Maßnahmen einer »pingeligen Abteilung« und davon, welche Dinge der Vergangenheit angehören würden. So wurde z.B. über die Lieferung von Produkten berichtet, die gut genug waren, statt perfekt. Die Geschichte wurde mit Beispielen untermauert, in denen es gelegentlich zu Fehlschlägen kam.

> Die Verankerung der Kultur hörte nicht mit dem Aufschreiben der Geschichte auf. Ab diesem Zeitpunkt organisierte das Führungsteam ein monatliches, frei zugängliches Review, das sie zunächst anders nannten. Das erste Mal verlief es peinlich und nicht gut. Es fand keine Vorbereitung statt und es kam wenig Interaktion mit den Mitarbeitern zustande. Aber das Führungsteam blieb hartnäckig. Das monatliche Ritual fing an, zu funktionieren: Mitarbeiter verschafften sich Gehör und boten Hilfe zu den Themen an, mit denen das Führungsteam zu kämpfen hatte. Die Atmosphäre außerhalb der monatlichen Reviews wurde informeller und offener. Das führte zu mehr Spaß, aber vor allem zu einer häufigeren und schnelleren Lieferung der Arbeit.
>
> Die Mitarbeiter arbeiten nach wie vor präzise und sind motiviert, perfekte Ergebnisse zu liefern. Aber dank der Geschichte und des vorbildlichen Verhaltens des Führungsteams hat sich die Abteilungskultur tatsächlich »unbemerkt« in eine Kultur verwandelt, in der man durch Handeln lernen kann.

Regen Sie Rituale und Routinen an

Es gibt allerlei Arten von Ritualen und Routinen, mit denen eine Kulturveränderung angeregt werden kann. Jedes Meeting und jedes Event kann dabei eine Rolle spielen. Möglicherweise kann sich z.B. die gewohnte Kaffeepause für die Abteilung in ein zweiwöchentliches Managementreview verwandeln, sodass Offenheit und Feedback zu einem Teil der Kultur werden.

Manche Organisationen wählen auch Rituale, die speziell auf den gewünschten Kulturwandel abzielen. Ein Beispiel dafür ist, dass sich alle Teams während des Höhepunkts der Veränderung morgens zum »Tune-in« und mittags zum »Tune-out« treffen: Die Teammitglieder besprechen, wie es mit ihrem agilen Verhalten läuft und wie andere ihnen dabei helfen können. Auf diese Weise unterstützen sie sich gegenseitig, ihre eigenen alltäglichen sie einschränkenden Überzeugungen zu überwinden und es gelingt ihnen allmählich, mehr und mehr erwünschtes Verhalten zu zeigen.

Natürlich spielen auch Retrospektiven eine Rolle bei der Kulturveränderung. Scrum Master, Agile Coaches und andere Change Agents verfügen oft über ein breites Toolkit mit Arbeitsmethoden und Analysen, die zu einer gewünschten Veränderung beitragen. Neben den Retrospektiven auf Teamebene kann es auch hilfreich sein, von Zeit zu Zeit eine große Retrospektive mit einem größeren Teil der Organisation durchzuführen.

Kultur ist überall und wir haben auch schon mehrmals über die Kraft von Geschichten, Ritualen, Routinen und Symbolen gesprochen, beispielsweise in:

▸ Schritt 2: Kommunikation rund um die Ausgangssituation (Seite 49)
▸ Schritt 3: Kommunikation rund um die Dringlichkeit (Seite 61)
▸ Schritt 4: Kommunikation der Skizze (Seite 69)
▸ Schritt 6: Kommunikation der Transformations-Roadmap (Seite 97)
▸ Schritt 8: Die Messungen transparent machen (Seite 119)

Und auch in allen weiteren Verankerungsthemen wird die Kultur immer wieder implizit oder explizit angesprochen. Folgende Themen sind besonders sensibel in Bezug auf Kultur und voller Geschichten, Rituale, Routinen und Symbole:

▸ Verankerungsthema 1: Personalentwicklung (Seite 143)
▸ Verankerungsthema 2: Führung (Seite 159)
▸ Verankerungsthema 3: Strategische Steuerung (Seite 173)

Los geht's

Veränderungen in Struktur und Kultur gehen Hand in Hand, um zu einer agilen Organisation zu gelangen:

- Richten Sie die Strukturen ein, die den Grundwerten und Prinzipien der neuen Organisation entsprechen.
- Machen Sie eine Bestandsaufnahme der Symbole in der Organisation. Fügen Sie Symbole hinzu, die zur agilen Kultur beitragen, und entfernen Sie Symbole, die das nicht tun.
- Erzählen Sie auf unterschiedliche Art Geschichten, die zum gewünschten Kulturwandel beitragen, sodass jeder sie auf für sich passenden Weg aufnehmen kann: in Blogs, in Videos, in Meetings.
- Machen Sie eine Bestandsaufnahme der gegenwärtigen Routinen und Rituale: Welche kann man ersetzen, wie nimmt man bewusst Abschied von bestehenden Routinen und Ritualen?
- Leben Sie die Kultur, die Sie jeden Moment sehen möchten.

14 Verankerungsthema 1: Personalentwicklung (HR)

Einleitung

Bei einer agilen Transformation verändert sich viel für die Mitarbeiter. In der Organisation dreht sich dann alles um selbstorganisierte Teams. Dies bringt andere Rollen und oft auch andere Funktionen und Karrierepfade mit sich oder auch andere Arten der Beurteilung und Belohnung. Die Mitarbeiter sind aufgefordert, ihre Denkweise zu ändern, z. B. durch mehr Eigeninitiative, mehr Experimente und intensivere Zusammenarbeit.

Darüber hinaus wird die Organisation anders mit der Rekrutierung und der Einarbeitung von neuen Mitarbeitern umgehen; die Förderung der persönlichen Entwicklung aller Mitarbeiter wird auf eine andere Art und Weise stattfinden. Kurzum, die traditionellen Personalabteilungen verändern sich auch und die Organisation wird an neuen Strategien im Bereich der Mitarbeiterentwicklung arbeiten.

Warum ist Personalentwicklung in einer agilen Transformation so wichtig?

Jede Organisation steht und fällt mit der Qualität ihrer Mitarbeiter. Für eine agile Organisation gilt das noch stärker, weil Teamarbeit eine größere Rolle spielen wird. Auch wird das Paradigma »Der Kunde steht im Mittelpunkt« erst dann erfolgreich sein, wenn Mitarbeiter all ihre Begabung, Kreativität, Ausdauer, Wissen, Fähigkeiten und Erfahrung einsetzen können, um das gewisse Extra für den Kunden zu leisten.

Es ist darum auch ein großer Wettbewerbsvorteil, wenn man als Organisation bestmöglich mit den Mitarbeitern interagieren kann und man in der Lage ist, leidenschaftliche Menschen an sich zu binden und zu halten. Das bedeutet, dass man die richtigen Menschen anziehen kann, die Experten auf ihrem Gebiet sind, die die gewünschte Denkweise haben und motiviert sind, das Beste aus sich rauszuholen und sich weiterzuentwickeln.

Infolgedessen werden auch andere Mitarbeiter besser bedient, die Prozesse werden verbessert und es wird mehr Wert für Kunden und die Organisation selbst erzielt.

Manchmal bedeutet Personalentwicklung auch, dass man zusammen mit den Mitarbeitern zu dem Schluss kommt, dass die Organisation nicht (mehr) der richtige Platz für jemanden ist. Auch in diesem Fall ist die Förderung der Mitarbeiter eine Voraussetzung. Gut voneinander Abschied zu nehmen und die Mitarbeiter zu unterstützen, eine passende Arbeitsstelle für sich zu finden, ist auch Personalentwicklung. Bei agilen Transformationen, die mit einer Reorganisation verbunden sind, ist das regelmäßig an der Tagesordnung.

Jede Organisation benötigt also eine gute Personalentwicklung, insbesondere während, aber eigentlich schon vor einer agilen Transformation. Wir kennen auch Beispiele von Organisationen, bei denen die Rekrutierung von motivierten Mitarbeitern der Hauptgrund für den Beginn einer agilen Transformation war (siehe unten stehende Fallstudie).

> **FALLSTUDIE**
> **Direkter Zugang zur Geschäftsführung und Aufsichtsrat**
>
> Eine wirkliche, dauerhaft verankerte Transformation hat immer ein starkes Top-down-Element: Die Richtung und die Leitplanken werden von der Spitze der Organisation vorgegeben; allein von den Teams aus ist eine Veränderung in dieser Hinsicht unmöglich.
>
> Oft sieht die Situation so aus, dass in vielen Teams und Abteilungen agil gearbeitet wird, aber es nicht möglich ist, diese Arbeitsweise bis ins Topmanagement zu bringen. Vor allem in großen und traditionellen Organisationen sind so viele Ebenen zwischen den ausführenden Mitarbeitern und der Geschäftsführung, dass agiles Arbeiten dort nie ankommt. Aber die HR-Dimension bildet hier eine Ausnahme: HR hat sowohl direkten Kontakt mit dem Betrieb als auch mit der

> Geschäftsleitung. Bei zwei großen internationalen Unternehmen wurde daher die Priorität für eine agile Transformation über die Personalabteilung in den Aufsichtsrat und die Geschäftsleitung gebracht.
>
> In beiden Fällen waren die Auslöser die Fluktuation von Fachkräften und die Herausforderung bei der Rekrutierung. In der Personalabteilung konnte man deutlich sehen, dass die Mitarbeiter zu jungen Unternehmen abwanderten, die auf moderne Art arbeiteten. Darüber hinaus konnten sie aufzeigen, dass die qualifizierten Fachkräfte nicht bei ihnen arbeiten wollten aufgrund der veralteten Arbeitsmethoden und mangelnder Autonomie. Diese Problematik konnten sie direkt bei der Geschäftsleitung vorbringen, zusammen mit einem Plan zur Einführung moderner (u. a. agiler) Arbeitsweisen.
>
> In einem konkreten Fall hatte sich der CEO der Organisation – ein sehr großes Unternehmen – selbst als treibende Kraft der Transformation aufgestellt. Sein Argument: »Es gibt hier nur eine Person, die letztlich für die Kultur in unserem Unternehmen verantwortlich ist, und das bin ich. Somit bin ich die treibende Kraft hinter dieser Transformation.« Diese berechtigte Beobachtung hatte eine enorme Wirkkraft bei der Einführung von Agilität in diesem Unternehmen. Bis er das Unternehmen verließ …

Für die Verankerung muss die Organisation im Laufe der Transformation ihre eigenen agilen Rollen selbst ausfüllen und das Coaching durchführen. Zu Beginn einer agilen Transformation kommt ein Großteil des Wissens und des Coachings oft noch von außen, z. B. von Scrum Mastern, Agile Coaches, Beratern und Organisationsberatern. Wenn der Entwicklung dieser Fähigkeiten in der eigenen Organisation keine Aufmerksamkeit geschenkt wird, dann verschwindet Agilität zeitgleich mit dem Weggang dieser externen Partner.

Wie stellt man eine gute Personalentwicklung sicher?

Agilität in der Personalabteilung sicherstellen

Die schnellste Art, neues Gedankengut zu verstehen, besteht darin, es selbst anzuwenden. Wenn Personalabteilungen anfangen, selbst agil zu arbeiten, steigt ihr Verständnis von Agilität, sie verstehen aufgrund eigener Erfahrung die damit verbundenen Herausforderungen und erleben selbst, dass dies Beweglichkeit und Kreativität erfordert. Dies bringt gegenseitiges Verständnis für die Position und Erfahrungen der Mitarbeiter, der Geschäftsführung und die Position der Personalabteilung mit sich; diese Position erfordert auch Robustheit, z. B. für Prozesse im Zusammenhang mit Verträgen. Das kann manchmal mit der agilen Praxis der Mitarbeiter kollidieren. Eine Personalabteilung, die selbst agil arbeitet, bekommt innerhalb einer agilen Transformation mehr Raum und Respekt zugesprochen und kann dadurch ihrer Rolle besser gerecht werden.

Der erste Schritt besteht darin, sich die Grundkenntnisse über Agilität anzueignen. Obwohl sich HR-Fachleute hervorragend um das Wohlergehen der Mitarbeiter kümmern, verfügen sie oft über weniger Wissen und Erfahrung in der Selbstorganisation.

> *Eine Personalabteilung, die selbst agil arbeitet, bekommt innerhalb einer agilen Transformation mehr Raum und Respekt zugesprochen und kann dadurch ihrer Rolle besser gerecht werden.*

Eine einfache, konkrete Maßnahme ist z. B. die Organisation einer agilen Grundlagenschulung für HR-Fachleute.

Dann können Sie der Personalabteilung helfen, Agilität in die Praxis umzusetzen. Schaffen Sie einen Rhythmus, erstellen Sie ein Product Backlog für die gesamte Arbeit und starten Sie den ersten Sprint. Arbeiten Sie auch mit den typischen agilen Rollen, wie z. B. einem HR-Product-Owner, einem agilen Coach und einem agilen HR-Team. Diskutieren Sie z. B. in der Retrospektive die Arbeitsweise des Teams. Unterstützen sich die Teammitglieder gegenseitig, fokussiert zu bleiben? Übernimmt das Team Verantwortung für das Erreichen von Zielen oder gibt es vor allem einen individuellen Fokus auf die Tätigkeiten? Sind die Vision und die Roadmap klar? Und kann man regelmäßig die Mitarbeiter im Review informieren?

Ermöglichen Sie es der Personalabteilung, sich auf den Mitarbeiter zu konzentrieren

Während der Fachbereich, die IT und andere unterstützende Abteilungen viel Kontakt mit dem Kunden der Organisation haben können, gilt dies für HR weniger. Diese Abteilung hat hauptsächlich mit einem ganz speziellen Kunden der Organisation zu tun: dem Mitarbeiter. Bei einer agilen Transformation kann es sinnvoll sein, die Kundenreise zu visualisieren (Customer Journey Mapping). Das dient als Inspiration für die Gestaltung der Organisation (siehe in Schritt 4, Teil B, die Skizze auf Seite 77).

Auf vergleichbare Weise kann man anstatt der Kundenreise auch eine Mitarbeiterreise visualisieren. Diese kann beispielsweise aus folgenden Situationen bestehen: arbeitet noch nicht für die Organisation, fängt gerade an, auf dem Weg zum nächsten Schritt, Weggang. Man kann auch die Personalabteilung entlang dieses Wegs organisieren. Indem man die Mitarbeiterreise transparent macht, kann man z. B. Messungen mit ihr verknüpfen oder bestimmte Experimente zu ihrer Verbesserung durchführen.

> **FALLSTUDIE**
> **Agile Antworten auf sich ändernde Personalbedürfnisse**
>
> Eine große Einzelhandelsorganisation in den Niederlanden stand vor einer komplexen personellen Herausforderung. Aufgrund einer Änderung des Geschäftskonzepts musste ein neuer Mitarbeitertyp gefunden werden: der Spezialist für Frischwaren.
>
> Da es sich um eine landesweite Markteinführung handelte, musste der Frischespezialist schnell rekrutiert werden und eine gute, zuverlässige Einarbeitung erhalten, um sich schnell in der Organisation zu Hause zu fühlen.
>
> Es wurde entschieden, diese spezielle Herausforderung agil anzugehen. Das bedeutete, dass nicht nur iterativ rekrutiert wurde, sondern auch, dass nach jeder Iteration untersucht wurde, was der neue Frischespezialist benötigte, um schnell und dauerhaft rekrutiert zu werden. Auf diese Weise lernte diese Einzelhandelsorganisation bei jeder Einstellung über die spezifische Mitarbeiterreise dazu (Employee Journey).
>
> Als Allererstes wurde recht schnell der Rekrutierungskanal und der Text für die Stelle angepasst, als sich herausstellte, dass die Frischespezialisten ein ganz anderes Profil hatten als die durchschnittlichen Verkäufer, beispielsweise in Bezug auf Alter, Erfahrung und Wünsche an die Arbeitszeiten. Darüber hinaus konnte viel über den gesamten Einarbeitungsprozess für mehrere Gruppen von Mitarbeitern hinzugelernt werden.
>
> →

> Die meisten Geschäfte widmeten am ersten Arbeitstag den neuen Mitarbeitern viel Aufmerksamkeit. Der erste Arbeitstag wurde in dieser Hinsicht sogar als ein bisschen übertrieben empfunden. Am zweiten Arbeitstag ließ die Aufmerksamkeit sehr nach, wodurch sich der neue Mitarbeiter allein gelassen fühlte. Daher wurde der Prozess angepasst: Die Anleitung wurde besser dosiert. Der Einarbeitungsprozess wurde danach als viel wertvoller wahrgenommen.
>
> Noch immer gibt es allerhand Prozesse, die innerhalb der Personalabteilung nach einem festen Muster ablaufen. Aber bei sich (schnell) verändernden Wünschen von Stakeholdern und Mitarbeitern sorgt man dafür, dass auch experimentiert wird und dass man aus Erfahrungen lernt.

Beziehen Sie die Personalabteilung beim Transformationsteam ein

Beim agilen Transformationsteam muss es eine Anbindung an die Personalabteilung geben. Wer am besten dafür geeignet ist, hängt von der Organisation und der Phase der Transformation ab. Es kann sein, dass der HR-Product-Owner das am besten machen kann oder möglicherweise ein anderer HR-Fachspezialist den größten Beitrag im Transformationsteam leisten kann. Oder noch besser: Suchen Sie nach anderen Formen der Zusammenarbeit zwischen dem ganzen Transformationsteam und den HR-Teams. So entstehen wertvolle Wechselbeziehungen und man stellt auf Transformationsebene sicher, dass das Wissen aus dem Personalbereich über Mensch und Organisation genutzt wird.

Auf jeden Fall ist bei den Personalfachleuten jede Menge Wissen und Können vorhanden; es wäre schade, wenn man dies nicht im agilen Transformationsteam nutzen würde. Denken Sie an juristisches Wissen, Kenntnisse über das Anwerben der richtigen Leute, Kulturveränderung, Kommunikation und Unterstützung beim Erlernen von neuen (Soft) Skills, wie z. B. Feedback geben.

Stellen Sie Mitarbeiter ein, die die gewünschte Denkweise haben, und arbeiten sie diese intensiv ein

Oft sind neue Rekrutierungsstrategien notwendig, um die Mitarbeiter anzuwerben, die in die gewünschte Organisation passen. Die kreativsten, innovativsten Mitarbeiter lassen sich nicht mit einer traditionellen trockenen Liste von Arbeitsanforderungen begeistern. Einfallsreiche Personalvermittler greifen z. B. Geschichten von Mitarbeitern auf, die in einer vergleichbaren Rolle arbeiten.

Sie übersetzen diese in Stellenausschreibungen, die in Bezug auf Sprache, Motivation und Erfahrungswelt viel besser zu denen passen, die sie suchen. Andere Personalvermittler streben eine enge Zusammenarbeit mit dem Marketing an, sodass die Marke der Organisation wirksam positioniert wird.

Außerdem entscheiden sich immer mehr Organisationen, eine Veranstaltung zu organisieren, bei der sie potenzielle Mitarbeiter in Aktion sehen und beurteilen können, ob ein Kandidat in Bezug auf Fähigkeiten und Denkweise gut passt. Sie organisieren z. B. einen Tag, an dem in einem cross-funktionalen Team ein Start-up konzipiert wird. Oder sie veranstalten einen Hackathon. Oder jemand darf eine Präsentation für das Team geben, in dem zukünftig gearbeitet werden soll. So entsteht ein genaueres Bild von dem potenziellen neuen Mitarbeiter und es kann bereits eine positive Energie entstehen.

Wenn Sie sich hier für einen selbstorganisierten Ansatz entscheiden, dann geben Sie die Verantwortung für den Einstellungsprozesses an das agile Team ab, in dem jemand arbeiten wird. Auf diese Weise kann das Team selbst ein Gefühl dafür bekommen, wer gerne mitarbeiten möchte, und darüber entscheiden. Dies erfordert einen hohen Reifegrad und eine zeitliche Investition für das Team, führt aber zu mehr Unterstützung und Eigenverantwortung.

Auch eine gründliche Einarbeitung des neuen Mitarbeiters muss stattfinden. Ein kurzer Rundgang oder eine Mail mit einem Link zu einer Einführungsapp reicht nicht aus.

> *Wir stellen immer öfter fest, dass sich Organisationen für mehrtägige Einarbeitungsprogramme entscheiden, die z. B. monatlich stattfinden.*

Für ein gutes Ankommen in der Organisation ist es nötig, dass neue Mitarbeiter in die Vision der Organisation und in den laufenden Transformationsprozess, aber auch in praktische Fragen rund um ihre Rolle einbezogen werden. Wir stellen immer öfter fest, dass sich Organisationen für mehrtägige Einarbeitungsprogramme entscheiden, die z. B. monatlich stattfinden, in denen Schlüsselpersonen über die Organisation, die Kultur und die Arbeitsmethoden sprechen. So werden neue Mitarbeiter in einer persönlichen Begegnung empfangen. Durch das Erzählen der Geschichten, Symbole und Rituale erhalten sie ein umfangreicheres und sympathischeres Bild der Organisation, wodurch sie auch viel schneller für diese von Wert sein können.

Förderung der Mitarbeiterentwicklung im Einklang mit der agilen Denkweise

Die Entwicklung der Mitarbeiter wird in Organisationen auf unterschiedliche Art gefördert. Leider passt die Art und Weise nicht immer zu den sich ändernden Wünschen und Bedürfnissen einer agilen Organisation. Wie passen beispielsweise jährliche individuelle Planungs-, Fortschritts- und Beurteilungszyklen in eine Kultur der Teamverantwortung und schneller Feedbackschleifen? In den größeren, beweglichen Organisationen gibt es einen Bedarf an anderen Möglichkeiten, die Entwicklung der Mitarbeiter zu fördern. Die Pressemitteilung von Achmea (siehe unten) ist ein gutes Beispiel dafür.

Menschen entwickeln sich am besten, wenn es eine Vertrauensbasis in den Teams gibt, in denen sie arbeiten, und wenn sie in ihrem Wachstum respektvoll und offen herausgefordert werden. In einer agilen Organisation wird dies nicht mehr nur durch einen Vorgesetzten geschehen, sondern vor allem durch Teammitglieder, mit denen jemand täglich zusammenarbeitet. In vielen Organisationen ist es keine Selbstverständlichkeit, sich gegenseitig Feedback zu geben, und es ist die Aufgabe des Transformationsteams, der Personalfachleute, Coaches, Scrum Master und Vorgesetzten, eine gesunde Feedbackkultur zu schaffen.

Die Förderung einer Feedbackkultur bedeutet: Lernen, respektvoll und konstruktiv miteinander zu reden, statt übereinander zu reden. Rückmeldungen sollten vor allem Ratschläge sein, mit denen der andere wachsen kann, damit im Team jeder die Qualitäten des anderen besser nutzen kann. Dieses Feedback sagt immer etwas über den Geber aus; es ist Sache des Empfängers, zu beurteilen, womit er etwas anfangen möchte.

Praktische Beispiele und Maßnahmen zur Schaffung einer solchen Feedbackkultur sind:

▸ Arbeitsformen der Intervention auf Teamebene einführen
– z. B. Troika Consulting (diese und weitere Arbeitsformen finden Sie unter *www.liberatingstructures.com*).

▸ Teamfeedback-Sitzungen, in denen man sich gegenseitig in einer sicheren Umgebung beurteilen kann, z. B. in Bezug auf die Qualität der geleisteten Arbeit, den Beitrag zu den Teamzielen und den Grad der Zusammenarbeit.

▸ Mit Delegation Poker arbeiten (*https://management30.com*), um das Gespräch über Freiheiten und Reife/Leistung zu starten. Es ist der perfekte Weg, den Dialog zwischen Mitarbeitern und Vorgesetzten zu erleichtern, sodass mehr Zusammenarbeit entsteht.

Wenn Sie noch mit einem Beurteilungszyklus und dem damit verbundenen System arbeiten, kann dieses gesammelte Teamfeedback direkt als Input verwendet werden. Auf diese Weise kann es einen Teil des Feedbacks ersetzen, das derzeit aus dem System von Kollegen angefordert wird. Dies hat den Vorteil, dass an der Entwicklung des jeweils anderen Kollegen offener und in persönlicher Interaktion gearbeitet wird, und nicht über ein System.

Es gibt auch eine Vorbildfunktion für das Führungsteam und zum Beispiel für die Personalabteilung und das Transformationsteam selbst. Wenn Sie mit gutem Beispiel vorangehen und offen für Ihre eigenen Entwicklungsthemen sind, wird es für den Rest der Organisation leichter sein, das Gleiche zu tun.

Eine sichere Umgebung zu bieten, um sich gegenseitig beurteilen zu können, erfordert eine Trennung von Beurteilung und Belohnung – genau das hat Achmea getan.

Es wird immer deutlicher: Externe Anreize wie Boni,
mehr Gehalt oder im Gegenteil
die Kürzung der leistungsabhängigen Vergütung
wirken sich kontraproduktiv auf die Motivation der Mitarbeiter aus.

Dies ist ein großer Schritt für Organisationen, in denen Bewertung und Belohnung über einen langen Zeitraum miteinander verbunden waren. Es wird immer deutlicher: Externe Anreize wie Boni, mehr Gehalt oder im Gegenteil die Kürzung der leistungsabhängigen Vergütung wirken sich kontraproduktiv auf die Motivation der Mitarbeiter aus. Und sie tragen auch nicht zu einer agilen Transformation bei, weil diese Art der Beurteilung und Belohnung nicht zu gemeinsamer Verantwortung und einer offenen Feedbackkultur beiträgt.

Die Entwicklung von Mitarbeitern in einer agilen Organisation erfordert eine kritische Betrachtung und möglicherweise auch eine Neugestaltung bestimmter Rollen. Je nach Reifegrad eines agilen Teams können die Teammitglieder entscheiden, dass sie selbst für die Entwicklung verantwortlich sein wollen, sowohl inhaltlich als auch auf persönlicher Ebene. In der Praxis scheint es jedoch so zu sein, dass Führung notwendig ist, um die kontinuierliche Entwicklung der Mitarbeiter in jeder Phase ihrer Karriere zu gewährleisten. Dies kann z. B. durch die Benennung eines »Chapter Lead« geschehen, der mithilfe von »Gilden« bei der inhaltlichen Entwicklung hilft und der auch eine Coaching-Funktion im Bereich der persönlichen Entwicklung übernimmt.

Auch hier muss das Wie und das Was immer getrennt bleiben. Ein Chapter Lead, der inhaltlichen Erwartungen gerecht werden muss und Einfluss auf Entwicklung und Belohnung hat, kann nicht die optimale Sicherheit bieten.

PRESSEMITTEILUNG
Achmea ändert seine Vorgehensweise bei Mitarbeiterbeurteilungen

Zum 1. Januar 2019 schafft Achmea das derzeitige Bewertungssystem für die 12.000 Tarifbeschäftigten ab. Das jährliche Beurteilungsgespräch wird damit gestrichen. In der neuen Situation werden die Mitarbeiter ihre eigenen Vereinbarungen mit ihrem Vorgesetzten treffen, um (kontinuierlich) über ihre Leistung, Ergebnisse und Entwicklung zu sprechen. Dieser Wandel ist auf die flexible und kurzzyklische Arbeitsweise zurückzuführen, die auch bei Achmea immer beliebter wird.

Wie in vielen Organisationen gibt es bei Achmea immer noch ein jährliches Planungs-, Fortschritts- und Beurteilungsgespräch. Am Ende des Jahres beurteilt der Vorgesetzte den Mitarbeiter mit einer Note von 1 bis 5. Auf der Grundlage

→

dieser Note erhält der Arbeitnehmer eine bestimmte Gehaltserhöhung. Viele Umfragen deuten darauf hin, dass eine Punktzahl einem guten Gespräch im Wege steht und oft eine demotivierende Wirkung hat.

Die Initiative liegt beim Arbeitnehmer

Elly Ploumen, die Leiterin der Personalabteilung bei Achmea, betont, dass der Mitarbeiter in der neuen Situation mehr Kontrolle hat. »Die Arbeitnehmer werden bald eigene Vereinbarungen mit ihrem Vorgesetzten treffen, um über ihre Leistung, Ergebnisse und Entwicklung zu sprechen. Einfach als logischer Bestandteil ihrer Arbeit, wenn es angemessen ist oder wenn es wirklich wichtig ist. Umgekehrt können Mitarbeiter regelmäßig ehrliches und offenes Feedback und Coaching von ihren Vorgesetzten erwarten.«

Elly Ploumen fährt fort: »Mindestens einmal im Jahr erstellen alle Mitarbeiter einen Reflexionsbericht, den sie mit ihrem Vorgesetzten besprechen und der in unserem Personalsystem erfasst wird. Im Übrigen sind die Teams frei in der Art und Weise, wie sie es angehen: die Anzahl der Gespräche, die sie planen, welche Vereinbarungen sie treffen, wie sie diese erfassen, wie und von wem sie das Feedback organisieren. Wir schreiben keinen Standard mehr vor.«

Regelmäßig neue Vereinbarungen treffen

Elly Ploumen ist der Meinung, dass diese Arbeitsmethode besser zu der derzeitigen Arbeitsweise bei Achmea passt. »Dies geschieht zunehmend in wechselnden Rollen oder in zeitlich begrenzten Projektteams. Kurzzyklisch, agil, Scrum, alles Mögliche. Bei einer großen Anzahl von Kollegen ändert sich die Arbeit sozusagen alle drei Wochen. Es passiert zu viel in einem Jahr, um im Januar Vereinbarungen zu treffen und erst im Dezember wieder darauf zurückzukommen. Stattdessen ist es vorzuziehen, regelmäßig neue Vereinbarungen zu treffen, die zu der Arbeit in dem jeweiligen Moment passen.«

Beurteilung und Belohnung entkoppelt

Die Abschaffung des derzeitigen Systems hat zur Folge, dass es ab dem 1. Januar 2019 keine Kopplung mehr zwischen Beurteilung und Vergütung geben wird. Achmea wird demnächst mit den Gewerkschaften Gespräche über neue Formen der Entlohnung aufnehmen, darunter feste Lohnerhöhungen (sogenannte

> Periodika). Elly Ploumen: »Die Menschen in unserer Wissensorganisation werden motivierter, wenn sie mehr Autonomie erhalten und sich besser entwickeln können. Nicht durch eine monetäre Belohnung, die muss einfach in Ordnung sein.«
>
> Elly Ploumen kommt zu dem Schluss: »Wertschätzen ist mehr als entlohnen. Wir können gute Leistungen auch auf andere Weise belohnen, z. B. indem wir den Mitarbeitern mehr Möglichkeiten geben, sich weiterzuentwickeln. Denken Sie an herausfordernde Arbeitsplätze und relevante Aus- und Weiterbildung – und eine Beförderung, die übrigens nicht immer eine Stufe höher bedeuten muss. Sie kann auch in die Breite gehen, dann geht es darum, eine andere Rolle einzunehmen, oder in die Tiefe, d. h., man spezialisiert sich weiter.«
>
> Der Gesamtbetriebsrat von Achmea hat dem neuen Ansatz nun zugestimmt. Die Gewerkschaften sind informiert worden.
>
> Zeist, 14. September 2018 (Quelle: Achmea-Website, *https://bit.ly/2D7rscb*)

Wagen Sie es, sich von Mitarbeitern zu verabschieden, die nicht die gewünschte Denkweise haben

Wie in Schritt 5 »Legen Sie die Veränderungsstrategie fest« (Seite 85) erläutert, geht eine agile Transformation in der Regel mit einer Reorganisation einher. Oder Sie stellen zu einem anderen Zeitpunkt fest, dass bestimmte Mitarbeiter wirklich nicht an der gewünschten Veränderung teilnehmen können. Dies ist nicht so überraschend: Von den Mitarbeitern in der Organisation werden andere Fähigkeiten erwartet als bisher. Es ist möglich, dass jemand früher aus anderen Gründen eingestellt wurde, oder Sie stellen nach und nach fest, dass jemand nicht mehr gut hineinpasst. Dies kann dazu führen, dass sich jemand unwohl fühlt und als Folge davon die Funktionsfähigkeit des gesamten Teams beeinträchtigt ist, oder es kann z. B. zum Burn-out für den Mitarbeiter selbst führen.

Es hilft, diesbezüglich ehrlich zu sein. Auch wenn der Abschied voneinander schmerzhaft sein kann, werden Sie hier aktiv werden müssen. Niemand profitiert davon, wenn eine Situation nicht mehr funktioniert und dies zu lange so bleibt. Abgesehen von den Teammitgliedern spielen hier auch die Führungskräfte eine Rolle.

Auch wenn Sie sich dafür entscheiden, sich voneinander zu verabschieden, haben Coaches hier eine Aufgabe. Helfen Sie den Mitarbeitern so gut wie möglich, eine passende Arbeitsstelle für die Zukunft zu finden. Besonders in großen Unternehmen sind die Mitarbeiter oft auch Ihre Kunden. Und Kunden verdienen eine gute Erfahrung mit Ihrem Unternehmen. Mindestens ebenso wichtig ist aber: Wenn Sie während einer Transformation nicht sorgsam mit den Mitarbeitern umgehen, die das Unternehmen verlassen mussten, wird jede nachfolgende Veränderung mit Argwohn betrachtet. Veränderung wird dann vor allem mit dem »Verabschieden von Menschen« assoziiert, obwohl das nicht das ist, worum es geht.

Seien Sie flexibel, wenn es um Rollen geht

In einer agilen Organisation liegt der Schwerpunkt eher auf der Übernahme von Teamverantwortung. Es kommt nicht so sehr darauf an, wer was tut, es geht mehr darum, Ergebnisse zu erzielen. Infolgedessen verschieben sich die Rollen innerhalb eines Teams öfter als früher. Daher ist eine umfangreiche Funktionsstruktur mit detaillierten Arbeitsplatzbeschreibungen häufig eher hinderlich als motivierend.

Trennen Sie im Allgemeinen die Verantwortlichkeiten zwischen den Rollen. Zum Beispiel werden in agilen Organisationen oft die Verantwortlichkeiten folgendermaßen aufgeteilt:

- Fokus auf die Arbeit an den wertvollsten Dingen – der Product Owner.
- Fokus auf Teamdynamik und Arbeitsmethoden – der Scrum Master.
- Fokus auf die Bereitstellung von Wert und Qualität – das Entwicklungsteam.
- Fokus auf die Entwicklung der Menschen – zum Beispiel der Chapter Lead.

Wenn diese Rollen zu sehr durcheinander geraten, werden die Verantwortlichkeiten diffus, und es besteht die Gefahr, dass niemand wirklich für etwas verantwortlich ist. Die Kunst besteht also darin, die Rollen genau genug zu trennen und die Balance darin zu finden, wie umfassend Sie die Rollen definieren und beschreiben.

> **FALLSTUDIE**
> **Einfachere Funktions- und Gehaltsstruktur**
>
> Eine große niederländische Bank räumte während der agilen Transformation ihre Funktions- und Gehaltsstruktur auf. Mehr als zweihundert Stellenbeschreibungen wurden auf fünf Ebenen reduziert. Auf jeder Ebene wurden einige Arten von Arbeiten definiert, z. B. technische, administrative und leitende Tätigkeiten. Dadurch entstand eine klare Matrix von zwanzig Gehaltsskalen. Dies ermöglichte es, die gesamte Arbeit, die innerhalb der Organisation geleistet wurde, auf eine der Arten von Arbeit zu beziehen, die auf einem bestimmten Niveau mit einem entsprechenden Gehalt ausgeführt wurde. Es gibt keine umfassenden Stellenbeschreibungen mehr, sondern eine Funktionsstruktur, die der Übernahme von Verantwortung innerhalb der Art der Arbeit gerecht wird und ausreichend Möglichkeiten für Flexibilität und weiteres Wachstum bietet.

Achten Sie auf das Wohlergehen der Mitarbeiter

Es bedarf keiner Erklärung, dass Mitarbeiter besser funktionieren, wenn ihre Arbeit in einer sicheren und motivierenden Umgebung stattfindet. Personalabteilungen verfügen in der Regel über ein großes Wissen und Expertise in diesem Bereich. Ein Punkt, auf den man achten sollte, ist zum Beispiel der Arbeitsdruck, dem die Mitarbeiter ausgesetzt sind. Gerade in Zeiten großer Veränderungen hilft es, Signale dafür aufzugreifen und den Beschäftigten zu helfen, eine nachhaltige Arbeitsweise zu finden. Manchmal wird sich die Organisation beispielsweise dafür entscheiden, einen Gang zurückzuschalten, um dann wieder beschleunigen zu können.

Ja, Sie wollen gemeinsam ehrgeizige Ziele erreichen. Aber auf eine Weise, die nicht auf Kosten der Arbeitnehmer, ihrer Gesundheit und ihrer privaten Situation geht. Tatsächlich werden körperlich und psychisch gesunde Mitarbeiter besser funktionieren. Es ist hilfreich, wenn das Wohlbefinden der Mitarbeiter auch innerhalb der Teams und in anderen Zusammenhängen diskutiert wird. Erzählt z. B. jemand, dass die drei Rollen, die er übernommen hat, zu viel werden? Oder dass es nicht gelingt, alle E-Mails zu lesen? Dies sind Anzeichen dafür, dass etwas nicht stimmt und dass Hilfe willkommen ist.

Viele Organisationen entscheiden sich auch für organisationsweite Initiativen zur Verbesserung des Wohlergehens von Arbeitskollegen. Zum Beispiel durch Aufmerksamkeit auf gesunde Ernährung und die Verwendung von Schrittzählern. Dies alles läuft darauf hinaus, dass Mitarbeiter in Organisationen als »Menschen« und nicht als »Ressourcen« gesehen werden; selbst eine so kleine Veränderung – nicht mehr von Menschen als »Ressourcen« zu sprechen – trägt zur Transformation hin zu einer agilen Organisation bei.

Los geht's

Um Agilität durch das Thema »Personalentwicklung« zu verankern, können Sie die folgenden konkreten Schritte unternehmen:

- Lassen Sie Personalfachleute den Wandel erleben, indem diese selbst agil arbeiten.
- Beziehen Sie Personalfachleute von Anfang an in die Transformation und das Transformationsteam ein.
- Lassen Sie die gewünschte Denkweise bei der Einstellung neuer Mitarbeiter eine Rolle spielen.
- Alle Mitarbeiter sollen von ihrem Vorgesetzten in ihrer persönlichen Entwicklung unterstützt werden, und die Mitarbeiter sollen ermutigt werden, sich gegenseitig zu helfen.
- Wagen Sie es, sich von Mitarbeitern zu trennen, die nicht zur gewünschten Organisation passen.
- Seien Sie flexibel, wenn es um Rollen geht.
- Achten Sie auf das Wohlbefinden der Mitarbeiter und den Einfluss, den alle Veränderungen auf sie haben.

15 Verankerungsthema 2: Führung

Einleitung

Eine agile Organisation benötigt die dazu passende Führung. Agile Führung basiert nicht mehr auf Planbarkeit, Machbarkeit und Kontrolle. Sie ist so konzipiert, dass sie auf Chancen reagiert, Unvorhersehbarkeiten akzeptiert und Erkenntnisse durch Handeln anregt. Es geht also eher darum, agilen Teams eine Richtung zu geben und Autonomie sicherzustellen. Der Vorteil, die Entscheidungsfindung an diese Teams zu übertragen, besteht darin, dass die Entscheidungen dort getroffen werden, wo das Wissen und die Expertise am größten sind und das Problem am unmittelbarsten erlebt wird. Für Manager, die es gewohnt sind, viel und im Detail zu managen, ist agile Führung eine ziemliche Veränderung.

Von den Führungskräften einer agilen Organisation wird erwartet, dass sie eine Vision bieten, Teams ermächtigen, sich selbst zu führen, dass sie der Organisation beibringen, zu experimentieren, und die agile Kultur selbst leben. Dies ist nicht für alle Führungskräfte automatisch gegeben. Daher muss die Verankerung einer agilen Transformation auch innerhalb der Führung stattfinden. Mit anderen Worten: Die Verankerung einer agilen Transformation scheitert völlig, wenn es keine agile Führung gibt. Meistens ist eine aktive Veränderung der Führungskräfte selbst erforderlich.

Warum ist agile Führung in einer agilen Transformation so wichtig?

Für Führungskräfte und Manager verändert sich durch eine agile Transformation sehr viel. Schon aus diesem Grund verdient Führung die notwendige Aufmerksamkeit des Transformationsteams. In vielen Organisationen verschwinden z. B. ganze Managementebenen durch die agile Transformation. Nicht, weil etwa weniger Führung nötig wäre, sondern weil Führung breiter verteilt wird. Agile Teams managen sich weitgehend selbst. Wie viele Managementebenen benötigt man dann eigentlich noch?

Teams lernen jedoch nicht von einem Tag auf den anderen, sich selbst zu führen. Ein häufig auftretender Fehler ist, dass diese Teams auf einmal zu viel Freiheit erhalten, was womöglich nicht ihren Fähigkeiten und Reifegrad entspricht. Dies führt dann zu Angst, Stress, Personalfluktuation und Apathie. Allmählich zu lernen, mit Freiheit und Reife aus einer eigenen Führungsperspektive umzugehen, ist eine Aufgabe, bei der Sie als Transformationsteam sehr unterstützen können.

Häufig wird auch vergessen, den Teams ausreichend Orientierung zu geben, wodurch an den Zielen der Organisation vorbei gearbeitet wird. Eine inspirierende Führung mit klaren Zielsetzungen, ohne auf ausführliche Berichterstattung oder Lenkungsausschüsse zurückfallen zu müssen, erhält die Schnelligkeit und Beweglichkeit innerhalb der Teams und der Veränderung.

Sowohl die informellen als auch die formellen Führungskräfte sind die Träger einer Kultur. Und Kultur ist ein Instrument zur Verankerung. Eine angestrebte agile Kultur mit den dazugehörigen Gewohnheiten und Verhaltensweisen, die sich nicht in der agilen Führung widerspiegeln, hat wenig Aussicht auf Erfolg.

Kurzum, auch innerhalb der Führung einer agilen Organisation muss eine Transformation stattfinden. Gefragt sind »dienende« Führungspersönlichkeiten (Servant Leadership), die den Teams nicht im Weg stehen, sondern sie vielmehr inspirieren und begleiten: Führungskräfte, die dafür sorgen, dass den Teams keine Steine in den Weg gelegt werden und dass Hindernisse – welcher Art auch immer – beseitigt werden. Ohne eine entsprechende agile Art der Führung ist die Verankerung einer agilen Transformation aussichtslos.

> *Eine angestrebte agile Kultur mit den dazugehörigen Gewohnheiten und Verhaltensweisen, die sich nicht in der agilen Führung widerspiegeln, hat wenig Aussicht auf Erfolg.*

Wie stellt man agile Führung sicher?

Bringen Sie die Führungsstruktur in Einklang mit der Skizze

Agilität wird unter anderem in den Machtstrukturen verankert (siehe Kapitel 13). Die Führungsstruktur in bestehenden Organisationen ist oft Silo-orientiert. In Schritt 4 (Seite 69) in Teil B des Buches wurde die Skizze der Organisation vorgestellt. Sorgen Sie dafür, dass die Führungsstruktur dazu passt. Das bedeutet, dass in einer Organisation, die auf Wertschöpfung ausgerichtet ist, auch die Führung entsprechend strukturiert wird. Und insbesondere im Hinblick auf den externen Wert: Wert für den Kunden und den Kunden des Kunden.

Ein Fallstrick, den wir in der Praxis recht häufig sehen, ist der »Seitenwind« oder die »Seitensteuerung« durch die Führungskräfte. Dies erkennt man daran, wenn agile Teams darauf ausgerichtet sind, bestimmten Kundenwert zu liefern, und sie ihre eigenen Ziele haben, aber der Manager immer noch über die KPIs und die Ergebnisse der eigenen Abteilung zur Rechenschaft gezogen wird. Dies gilt z. B. für den Fall, dass sich die Aufmerksamkeit eines Teams auf die Kundenzufriedenheit in einem bestimmten Marktsektor richtet, der Manager aber nach den Gehaltskosten oder der Durchführung eines bestimmten Projektes beurteilt wird. In diesem Fall besteht ein Interessenkonflikt, der zu einem Machtspiel führen wird. In vielen Fällen wirken die Machtstrukturen dann destruktiv auf die agile Transformation, was der Verankerung nicht dienlich ist.

> **FALLSTUDIE**
> **Verwendung der alten Strukturen**
>
> Eine mittelgroße IT-Abteilung hatte die ersten Schritte in einer agilen Transformation unternommen. Cross-funktionale Scrum-Teams wurden aufgebaut und ausgebildet. Nach einigen Wochen hatten die Teams die Grundlagen von Scrum verstanden und die Sache kam ins Rollen. Eine vom CFO gewünschte Veränderung stand noch nicht im Backlog. Die Teams wiesen den CFO auf die neue Rolle in ihrer Organisation hin, nämlich die des Product Owners. Sie rieten dem CFO, Kontakt mit dem Product Owner aufzunehmen, sodass dieser die gewünschte Veränderung in das Product Backlog aufnehmen konnte. Als sich später zeigte, dass der Product Owner dieser Veränderung eine nicht so hohe Priorität im Backlog beigemessen hatte wie vom CFO gewünscht, wandte sich letzterer an

→

> die Führungskraft der Teams: den IT-Manager. Dieser stand, hierarchisch gesehen, auch unterhalb des CFO, der den IT-Manager dann zwang, die Teams an der gewünschten Veränderung arbeiten zu lassen. Das Vereinbaren neuer Strukturen, in diesem Fall, dass der Product Owner das Mandat hat, Aufgaben zu priorisieren, bedeutet noch nicht, dass diese neuen Vereinbarungen auch tatsächlich in der Praxis umgesetzt werden. Hierarchische Linien sind stark und sollten von den Führungskräften so wenig wie möglich für operative Entscheidungen eingesetzt werden.

Um hier Abhilfe zu schaffen, kann es interessant sein, innerhalb der Führung eine Trennung vorzunehmen zwischen »wertschöpfenden Managern«, die sich darauf konzentrieren, was getan wird, und »Kompetenz-Managern«, die sich darauf konzentrieren, wie die Arbeit getan wird. Diese Abgrenzung finden wir mehr oder weniger auch in der Zusammenstellung eines Scrum-Teams wieder. Hier ist der Product Owner für die Optimierung des Produktwerts verantwortlich und der Scrum Master für die Verbesserung der Arbeitsabläufe innerhalb des Teams. Dabei sind beide Formen der Führung gleichwertig. Hier kommt das Spannungsfeld zwischen Product Owner und Scrum Master am besten zum Tragen.

Betrachten Sie auf individueller Basis, wer die Fähigkeit zu agiler Führung besitzt

Viele Führungskräfte sind aufgrund einer bestimmten Art zu führen in ihre Position gekommen. Dies ist häufig aber nicht die beste Art, selbstorganisierte Teams in einer agilen Organisation zu führen. Es ist daher empfehlenswert, bei der Besetzung der neuen Führungspositionen in der Skizze alle Führungskräfte auf Basis ihres Charakters und ihrer Fähigkeiten auszusuchen. Der Übergang vom heutigen Management zu den neuen Führungsrollen sollte nicht automatisch erfolgen. Es muss kritisch beurteilt werden, wer wirklich hierfür geeignet ist und wer weniger. Wenn jemand z. B. aufgrund seiner Expertise eine Führungskraft geworden ist und bisher alle inhaltlichen Entscheidungen selbst getroffen oder genehmigt hat, dann kann es für diese Führungskraft ein zu großer Schritt bedeuten, die Teams dies selbst durchführen zu lassen. Für einige Manager bedeutet dies, nicht »nur« auf eine andere Art zu führen, sondern sie haben das

Gefühl, sich selbst zu verlieren. Beispielsweise wurde während einer Brainstorming-Session bei einer staatlichen Organisation klar, dass die Verantwortlichkeiten der Abteilungsleiter begrenzt werden könnten. Die Reaktion hierauf war: »Wenn dies zum Inhalt meines Aufgabenbereiches wird, dann kündige ich.« Es kann schmerzhaft sein, Abschied von Führungskräften zu nehmen, die bis dahin gute Arbeit geleistet haben, aber es ist noch schmerzhafter, einen Führungsstil zu erwarten, der nicht zu demjenigen passt.

Das Erlernen neuer Verhaltensweisen als Führungskraft ist noch schwieriger, wenn operativer Druck oder eine Krise herrscht. Es wäre nicht das erste Mal, dass eine Führungskraft noch vor Kurzem aus voller Überzeugung über die Stärke der Teams gesprochen hat, dann aber plötzlich eingreift und festlegt, was genau getan werden muss, um einem dringenden Vorfall zu begegnen. Die ohnehin schon skeptischen Teams reagieren dann schnell mit Hohn: »Da kannst du mal sehen, dass das Management die neue agile Arbeitsweise nicht verinnerlicht hat!« Dieser Rückfall ist jedoch nicht unüblich, sondern durchaus normal. Unter Druck fallen wir automatisch in das Verhalten zurück, das wir kennen und das sich in der Vergangenheit als wirksam erwiesen hat. Neue Führung erfordert ein grundlegend anderes Führen und das ist besonders für die etablierten Manager besonders schwierig.

INTERVIEW
mit Anton Rutten, Head of IT Systems, Rabobank (IT Executive, 2019)[3]

Wenn Sie sich (…) große Programme anschauen, welche Rolle spielen Sie dabei im Allgemeinen?
»Die Rolle hat sich stark verändert. Dort, wo ich anfangs Vorsitzender oder Mitglied eines Lenkungsausschusses war, sorge ich heute dafür, dass die Teams das Maximum leisten können. Was sind die Hindernisse, welche Stakeholder haben wir noch nicht beteiligt und mit wem sollten wir sprechen? Dann bin ich jede Woche bei einem Standup, anstatt mir einmal in sechs Wochen oder einmal im Monat einen dicken Stapel Papier kommen zu lassen. Ich glaube fest an das Prinzip, die Entscheidungsträger zu den Informationen zu bringen anstatt die Information zu den Entscheidungsträgern.«

---

3. Quelle: Arnoud van Gemeren, IT Executive, 11 November 2019: *https://itexecutive.nl/leiderschap/anton-rutten-rabobank-verander-context-organisatie-beter-maken/*.

Aber mit vierhundert Teams ist das ziemlich kompliziert.
»Ja, aber viele Teams brauchen mich überhaupt nicht. Man muss ihnen Raum geben und auf der anderen Seite muss man sich auch trauen, einzuschreiten. Aber an den Wechsel von der Lenkung zur Moderation musste ich mich erst gewöhnen. Man muss den Mut haben, zu akzeptieren, dass Teams manchmal einen anderen Weg einschlagen, als man selbst es tun würde. Das geht übrigens oft überraschend gut. Es sind sehr intelligente Menschen.«

Wie haben Sie die Umstellung von traditioneller zu agiler Führung vollzogen?
»Teilweise innerhalb der Reorganisation. Sehen Sie, wenn Sie den Kontext und die Struktur ändern und keine Lenkungsausschüsse mehr haben, dann können Sie auch nicht mehr auf traditionelle Weise führen. Sie wählen ein Team um sich herum, das die agile Arbeitsweise ›atmet‹. Es ist eine Art Führungsreise, die man mit seinem Fachbereich und der IT unternimmt. Sie geben sich auch gegenseitig Feedback, wie: ›Hey, Moment mal, hier sprechen wir doch von Seitensteuerung.‹«

»Wir hatten einmal ein großes Projekt, Banking 3.0, das 109 Systeme betraf. Die klassische Reaktion war: Wir stellen einen Programmmanager ein, richten einen Lenkungsausschuss ein und behalten einfach den Überblick. Da habe ich gesagt: ›Nein, so werden wir das nicht machen. Wir haben ein Backlog, und ich werde gemeinsam mit dem Business dafür sorgen, dass alles in das Backlog kommt.‹ Am 1. Januar musste es fertig sein. Und das obwohl wir erst am 1. Juli den Auftrag erhalten hatten.«

Dabei haben Sie Ihren Hals riskiert.
»Ja, das war sehr unangenehm. Ich musste ständig aufpassen. Jedes Mal wenn ich bemerkte, dass der Fachbereich etwas nicht auf das Backlog setzte, bin ich eingeschritten. Es ist auch ein Lernmoment für die Organisation in Bezug darauf, ob die alten Reflexe bleiben oder neue Reflexe entwickelt werden.«

Denken Sie bei der Neugestaltung von Führung sorgfältig darüber nach, welche Art von Führungskraft Sie erwarten und in welcher Position. Führungspersönlichkeiten, die schon immer eine klare Meinung darüber hatten, was benötigt wird und wie die Mitarbeiter dies umsetzen sollen, werden in einer Funktion, die von einer »dienenden« Führung der Teams ausgeht, höchstwahrscheinlich nicht glücklich sein.

Positiv zu vermerken ist jedoch, dass sich dieser Moment hervorragend für die Entdeckung neuer Führungstalente eignet. Wer ist insgeheim informell zuständig und für welche Bereiche? Inhalt, Qualität oder kontinuierliche Verbesserung? Wer hat von Natur aus eine agile Denkweise? Indem Sie diesen Personen eine (noch) bessere Position in der Organisation geben, können Sie die Führung substanziell erneuern und ihr einen willkommenen neuen Impuls geben.

Bieten Sie ein Trainingsprogramm inklusive Coaching an

»Das Schwierigste an der Transformation ist es, offen zuzugeben, dass ich oft die Antwort auch nicht kenne«, sagte kürzlich ein Manager. In der Praxis ist dies eines der wichtigsten Elemente. Wenn wir möchten, dass die Teams innovativ sind und Eigenverantwortung übernehmen, dann müssen wir Unsicherheiten akzeptieren und zulassen, dass Fehler gemacht werden. Viele Manager sind fachlich sehr kompetent und gewohnt, Kontrolle auszuüben. Um möglichst viel Sicherheit zu erlangen, erstellen sie Pläne, führen langwierige Analysen durch und konzipieren eine Lösung, die von den Teams nur noch umgesetzt werden muss. Dies stellt uns vor zwei Probleme: Erstens zeigt die Praxis, dass man nicht alles im Voraus planen kann, und zweitens kostet das Analysieren und Ausarbeiten oft so viel Zeit, dass der Wettbewerber früher auf dem Markt ist und die Kosten völlig aus dem Ruder laufen.

> *Aus diesem Grund ist eine agile Transformation ohne ein Trainingsprogramm (mit zusätzlichem Coaching) der Führungskräfte nicht möglich.*

Aus diesem Grund ist eine agile Transformation ohne ein Trainingsprogramm (mit zusätzlichem Coaching) der Führungskräfte nicht möglich. Ein solches Programm ist oft maßgeschneidert, versucht aber die folgenden Prinzipien zu berücksichtigen:

▸ Das Trainingsprogramm dauert in aller Regel ein halbes Jahr mit mindestens einem Interaktionsmoment alle zwei Wochen. Auf diese Weise gibt es stets einen »Landeplatz«, um Fragen zu stellen oder Dinge zu reflektieren.

▸ Halten Sie die Gruppe, die das Programm gemeinsam durchläuft, auf maximal acht Teilnehmer beschränkt. Dies gewährleistet für jeden Teilnehmer genügend Redezeit pro Stunde. Es ist durchaus möglich, dieses Programm mit mehreren Gruppen parallel stattfinden zu lassen.

▸ Es ist immer besser, mehrere kurze Sitzungen abzuhalten als ein paar lange. Im beruflichen Alltag ist man eher geneigt, einen ganzen Trainingstag abzusagen, um damit acht Stunden zu gewinnen. Eine einstündige Sitzung pro Woche oder eine zweistündige Zusammenkunft alle zwei Wochen führt zu einem besseren Erfolg. Wenn Sie einen Termin ausfallen lassen, dauert es nicht monatelang bis zum nächsten.

▸ Bieten Sie eine Mischung aus Training und Intervision an. Es geht nicht nur um das Erlernen neuer Techniken und Fähigkeiten während eines Trainings. Besonders wichtig ist es, voneinander zu lernen, Probleme zu diskutieren und Verletzlichkeit in einer Gruppe von Gleichgesinnten zu zeigen. Betrachten Sie es als eine Art »Psychotherapie für Führungskräfte mit einer Identitätskrise«. »Oft und kurz« zusammen zu sitzen ist viel effektiver als »manchmal und lange«.

▸ Halten Sie die Gruppe der Führungskräfte im Programm stabil und vermeiden Sie einen Wechsel zwischen den Sitzungen. Wichtig ist das Vertrauen, sich aussprechen und Probleme innerhalb der Gruppe ansprechen zu können, aber es wird schwierig, wenn es innerhalb der Gruppe Veränderungen gibt. Vertrauen aufzubauen braucht Zeit.

▸ Es muss im Vorhinein explizit vereinbart werden, dass die Sitzungen vertraulich sind, getreu der Las-Vegas-Regel: »Was im Meeting besprochen wird, bleibt im Meeting.« Nötigenfalls ist es ratsam, diese Art von Vereinbarungen zu unterschreiben.

Das Trainingsprogramm umfasst auch konkrete Elemente, wie z.B. die Themen Product Ownership, Roadmapping und Wertschätzung. Somit kann jede Führungskraft besser identifizieren, wie die aktuelle Arbeitsweise (noch) von der Weise abweicht, die wünschenswert ist.

In dem Trainingsprogramm sollten die Teilnehmer idealerweise über die vier Rollen einer agilen Führungskraft nachdenken[4]:

- Ein Inspirator sein, der sich auf die Wirkung auf den Kunden konzentriert und die Organisation (und die Teams) von außen nach innen arbeiten lässt.
- Ein Mentor sein, der den Teams hilft, in ihrer Autonomie und Reife zu wachsen, so dass sie schrittweise mehr Eigenverantwortung übernehmen können.
- Ein Experimentator sein, der Lernen durch Handeln als zentralen Ansatz vorgibt. Das Finden und Aufzeigen von Fehlern steht dabei im Vordergrund.
- Eine Führungskraft sein, die dazu beiträgt, (agile) Kompetenzen und Gewohnheiten zu verstärken. Die agile Führungskraft muss dafür sorgen, dass er oder sie selbst operativ überflüssig wird. Dies beginnt bereits beim Prinzip »walk the talk«[5].

Geben Sie Richtung und Ziele vor und lassen Sie die Teams selbst die Arbeit machen

Führungskräfte zeigen den Nutzen (die Zielstellung) und den Kontext auf. In einer sich rasch verändernden Welt, in der ständig neue Entwicklungen erfolgen, ist Schnelligkeit gefragt. Es braucht motivierte Teams, die sich auf Basis des Kundenfeedbacks selbst trauen, Entscheidungen zu treffen, und dies auch können. Daher ist es die Aufgabe der heutigen Führungskräfte, ein klares Ziel (Motivation) vorzugeben. Wozu tun wir das? Was ist das Gesamtbild? Was ist unser Ziel? Ein gutes Beispiel ist hier die erfolgreiche Buurtzorg-Stiftung[6]. Ihre Triebfeder ist es, hilfsbedürftige Menschen, die zu Hause leben, auf vielfältige Weise zu unterstützen und ihnen so viel Autonomie wie möglich einzuräumen, sodass sie in ihrer eigenen Umgebung bleiben können. Alles, was die Organisation macht, steht im Zeichen dieser Zielsetzung. Es wird mit selbstorganisierten Teams gearbeitet, die für ihren Bereich eigenverantwortlich sind. Der Kunde steht im Mittelpunkt und den Fachleuten wird das Vertrauen entgegengebracht, selbst die optimale Dienstleistung auszuwählen.

---

4. Quelle: Peter Koning: *Toolkit voor Agile leiders* (Boom, 2017) (Anm. d. Übers.: deutsche Ausgabe »*Toolkit für agile Führungskräfte*«, dpunkt.verlag, 2019)
5. Anm. d. Übers.: den Worten Taten folgen lassen.
6. Anm. d. Übers.: auf Deutsch Nachbarschaftspflege, ein niederländisches Unternehmen im Bereich der ambulanten Pflege, das neue Wege in der Pflege geht und auf jegliche Hierarchie verzichtet (nach *https://de.wikipedia.org/wiki/Buurtzorg*).

Aber Vorsicht: Führung bleibt nach wie vor notwendig. Es ist nicht so, dass in einer agilen Organisation alle Führungskräfte auf der Straße landen. Es werden immer noch Menschen gebraucht, die einen Traum haben, ihn in eine Vision verwandeln und eine Richtung vorgeben. Organisationen, ob groß oder klein, benötigen diese Vision, dieses Ziel und die Richtung, um zusammen arbeiten zu können – damit man gemeinsam mehr erreicht, als man es für möglich gehalten hätte. Zudem benötigt man Führungskräfte, die in Krisenzeiten Entscheidungen treffen und die Führung übernehmen; Führungskräfte, die dafür sorgen, dass die Mitarbeiter fit und den zu bewältigenden Herausforderungen gewachsen sind. Es ist jedoch nicht mehr selbstverständlich, dass die Führungskräfte hierarchisch über den anderen stehen.

FALLSTUDIE
Vertrauen und Sicherheit

Bei der Transformation einer großen traditionellen Organisation gab es eine Abteilung mit einem Managementteam, das fest entschlossen war, die Dinge anders zu handhaben. Das Management übernahm die Verantwortung, ein Umfeld zu schaffen, in dem Menschen über sich hinauswachsen konnten. Das Managementteam wusste, dass dies Vertrauen erforderte, das in der traditionellen Organisation nicht selbstverständlich war. Darum fingen diese Manager damit an, den Teams ihr Vertrauen auszusprechen.

Voller Eifer legten sie los. Sie stellten offene Fragen, agierten auf transparente Weise, teilten ihre Vision. Sie setzen alles daran, um die Erwartungen an die moderne, neue Führungspersönlichkeit zu erfüllen. Schmerzlich war die folgende Beobachtung: Nach einiger Zeit erklärten die Scrum Master, dass sie sich nur innerhalb ihrer eigenen Gruppe von Scrum Mastern trauten, offen und ehrlich zu sein; bei ihren eigenen Teams waren sie weniger oder gar nicht offen, sobald jemand vom Management anwesend war.

Große Ungläubigkeit war die erste Reaktion der Manager, als sie dies hörten, denn immerhin hatten sie eifrig an den richtigen Dingen gearbeitet. Es gab überhaupt keinen Grund, sich nicht zu trauen, offen zu sein. Diese Gruppe von Mitarbeitern »musste damit einfach konfrontiert werden«. Zumindest war dies

> ihre erste Reaktion, die glücklicherweise so nicht durchgeführt wurde. Im zweiten Schritt betrachtete das Managementteam vor allem sich selbst: Was müssen wir tun, um zu zeigen, dass man uns vertrauen kann? Sie wollten nämlich, dass sich wirklich etwas verändert, dass man ihnen nicht die Schuld für das bestehende Gefühl des Misstrauens gab, das in den vergangenen Jahren entstanden war und das auch nicht länger notwendig war.
>
> Das Managementteam entwickelte zwei Maßnahmen: Es begann selbst Scrum einzusetzen und es besprach in einem engen Rhythmus mit dem Team, welche Hilfe benötigt wurde. Insbesondere die zweite Maßnahme stellte eine viel bessere Verbindung zu den Teams her, wodurch die Probleme ans Tageslicht kamen. Das Vertrauen darin, dass das Managementteam tatsächlich helfen wollte, nahm deutlich zu.
>
> Aus diesem Fallbeispiel lassen sich zwei Lehren ziehen. Erstens: Auch wenn Sie glauben, alles zu tun, was nötig ist, sobald etwas schiefläuft, sollten Sie sich immer erstmal selbst fragen: Was hätte ich selbst anders machen sollen? Was werde ich jetzt anders machen? Zweitens ist es wichtig, präsent zu sein, um psychologische Sicherheit zu gewährleisten. Verfügbar sein, sich nicht in Sitzungen verstecken, und nicht immer den Anschein erwecken, sehr beschäftigt zu sein. Indem man regelmäßig für die Teams verfügbar ist, senkt man die Hemmschwelle, um Probleme zu besprechen.

Autonome Teams erfordern Mentoring und Rahmenbedingungen

Menschen, die Wissensarbeit leisten, möchten meist selbst ihre Arbeitsweise bestimmen. Die Führungskräfte müssen sich daher über die zu erwartenden Ergebnisse im Klaren sein, einschließlich der Frage, welche Rahmenbedingungen gelten, wie z. B. Budget, Zeitrahmen und andere eher technische Gegebenheiten. Diese Rahmenbedingungen können je nach Reifegrad des Teams[7] etwas flexibel sein. Vereinbaren Sie mit jedem einzelnen Team explizit, welche Entscheidungen Sie als Führungskraft noch zu treffen haben, und was benötigt wird, damit das Team diese selbst treffen kann.

---

7. Siehe den Artikel Eigenaarschap hoort bij agile (Peter Koning und Rini van Solingen in AG Connect, 2017),
   https://prowareness.nl/wp-content/uploads/2017/12/66-expert_vansolingen.pdf.

Viele Probleme mit der Selbstorganisation entstehen, weil die oben genannten Rahmenbedingungen nicht klar sind. Oft stellt sich jedoch heraus, dass es in den Teams auch Regeln und Vereinbarungen gibt, ohne dass diese explizit angegeben sind. Darum ist es die Verantwortung der Führungskraft:

- deutlich zu machen, welche Verantwortung beim Team liegt und welche (noch) nicht;
- explizit zu machen, unter welchen Bedingungen oder Fähigkeiten eine Entscheidung durch das Team getroffen werden kann;
- die Teams beim Entwickeln neuer Fähigkeiten zu unterstützen;
- alle ausdrücklich in Diskussionen und Besprechungen einzubeziehen;
- Unterschiede zwischen Teams zu erkennen und nicht alle über einen Kamm zu scheren – jedes Team hat seinen eigenen Reifegrad und benötigt daher auch seine eigenen Rahmenbedingungen und seinen Entwicklungsplan;
- mit den Teams über fehlende oder unzureichende Ergebnisse zu sprechen.

Für die Teams, die es gewohnt sind, operativ geführt zu werden, ist es nicht immer einfach, Eigenverantwortung zu übernehmen: Haben Sie als Führungskraft gerade einigermaßen durchdrungen, wie man den Teams mehr Freiheit geben kann, kann es dennoch passieren, dass diese Freiheit nicht genutzt und keine Eigenverantwortung übernommen wird. Schlimmer noch: Viele Teams fragen sogar, ob sie wieder auf die alte operative Weise geführt werden können. Die Ursache hierfür liegt womöglich darin, dass unsere Gesellschaft darauf ausgerichtet ist, vorhersagbare und reproduzierbare Arbeit zu verrichten. Es liegt vor allem an unserer Erziehung, sowohl wie wir erzogen worden sind als auch wie wir als Gesellschaft die Welt sehen: so viel wie möglich auf geplante und vorhersehbare Weise zu arbeiten.

Viele Teams sind es von Haus aus nicht gewohnt oder nicht darin geschult, komplexe Arbeit zu verrichten, also auch nicht, in kleinen Schritten Risiken einzugehen. Sie bevorzugen den einfachen Weg, tun, was der Chef sagt, und müssen sich daher nicht verantwortlich fühlen. Sobald es um externe Mitarbeiter geht, ist dies oft noch deutlicher zu spüren. Verträge und traditionelles Risikomanagement stehen der Selbstorganisation häufig im Wege.

Dies erfordert von der agilen Führungskraft, sich viel Zeit zu nehmen und viele Gespräche zu führen. Bleiben Sie im Dialog über die Wechselwirkung zwischen Führungskräften und Teams und stellen Sie sicher, dass die Teams an ihre eigenen Stärken glauben.

Agile Führung bedeutet vor allem: »dienende« Führung

Bei agiler Führung geht es vor allem darum, zu dienen; den Teams zu dienen und ihnen ein Umfeld zu bieten, in dem sie erfolgreich sein können. Das Schöne und gleichzeitig Schwierige am Führen von selbstorganisierten Teams ist, dass Sie es schon immer getan haben. Sie sind sozusagen der Landwirt, der selbst etwas unternehmen muss, wenn sein Mais nicht wächst. Oder Sie sind der Imker, der den Bienenstock von Infektionen befreien muss.

Als Führungskraft sind Sie dafür verantwortlich, die Bedingungen zu schaffen, unter denen die Teams Leistung erbringen können. Bei Problemen muss man sich selbst immer als Erstes fragen, was man anders hätte machen können. Zu wenig Freiheit, mangelnde Klarheit über das erwartete Ergebnis? Oder gibt es etwas anderes, was die Teams zurückhält, ein Hindernis, das beseitigt werden muss? Kürzlich nahmen wir an einer Abteilungsleiterbesprechung teil, bei der jemand einen Vortrag halten musste. Dieser verlief nicht wie erwartet. Unmittelbar danach kam der für diese Person verantwortliche Manager zu ihm und sagte: »Das lief nicht ganz so gut, oder?« Und noch bevor der andere eine Antwort geben konnte, fügte er hinzu: »Ich habe mit Ihnen auch nicht im Vorfeld abgestimmt, was meine Erwartung war. Das war mein Fehler. Es tut mir leid.«

Als Führungskraft sind Sie dafür verantwortlich, die Bedingungen zu schaffen, unter denen die Teams Leistung erbringen können.

Wenn Sie möchten, dass Ihre Teams in kleinen Iterationen arbeiten, werden Sie auf alle möglichen Hindernisse stoßen. Hindernisse, die Sie beseitigen müssen. Manche sind praktischer Natur und können gelöst werden, indem Sie die Rolle des Problemlösers übernehmen. Ein Großteil der Veränderung liegt jedoch in der Denkweise. Die Teams kämpfen und kommen nicht wirklich voran, aber es ist auch nicht ganz klar, wo es genau hakt. Auf die Frage, warum die Arbeit nicht noch weiter zerlegt werden kann, ist die Antwort beispielsweise, dass es wirklich nicht kleiner geht. Dies ist oft ein Irrglaube. Eine coachende Haltung mit dazugehörigen Fragen kann dazu beitragen, diese Denkweise Schritt für Schritt zu ändern.

Los geht's

Führung ist essenziell, um Agilität in einer Organisation zu verankern. Achten Sie daher auf die Führung, und zwar auf allen Ebenen, und bedenken Sie Folgendes:

- Organisieren Sie Führung auf angemessene, agile Weise – werteorientiert und auf die Befähigung der Menschen ausgerichtet.

- Seien Sie kritisch: Wer sind die besten agilen Führungskräfte? Neue Führung erfordert grundlegend andere Fähigkeiten.

- Unterstützen Sie agile Führung durch Training und Coaching.

- Bieten Sie eine inspirierende und visionäre Führung, die sich auf Werte konzentriert.

- Verankern Sie zugleich »dienende Führung« – alles ausgerichtet auf ein optimales Umfeld für die Mitarbeiter.

- Gehen Sie auf die Suche nach den Hindernissen und beseitigen diese mit der dazu passenden Haltung.

16 Verankerungsthema 3: Strategische Steuerung[8]

Einleitung

Eine agile Transformation ist mehr als nur das Einrichten agiler Teams. Die kurzzyklische Lieferung durch diese Teams bietet auch die Möglichkeit, frühzeitig mit strategischen Optionen und Ideen zu experimentieren. Das ist in vielen Organisationen völlig neu und bietet nicht nur eine neue Chance, sondern stellt auch ein Verankerungsinstrument dar. Wenn es dem Management und anderen Gremien ermöglicht wird, zu einem früheren Zeitpunkt zu testen, ob eine strategische Option funktioniert, oder strategische Themen voranzubringen und schneller Ergebnisse zu erzielen, dann gibt es kein Zurück mehr.

> *Wenn auch die Strategiebildung und die damit verbundenen Prozesse agil gestaltet werden, ist die Verankerung der Agilität irreversibel.*

Viele Organisationen denken: Je mehr operative, agile Teams es gibt, desto größer ist die Beweglichkeit im ganzen Unternehmen. Das ist nicht richtig, denn echte Beweglichkeit gilt auch für die strategische Ebene. Die Bildung agiler Teams ist kein Ziel an sich. Die Arbeit mit motivierten, agilen Teams, die vorhersehbare Ergebnisse liefern, ist großartig, aber was sie liefern, entscheidet darüber, ob es erfolgreich ist oder nicht. Die Organisation bis zur strategischen Ebene agil zu machen, ist daher ein entscheidendes Verankerungsinstrument.

---

8. Der Quelltext dieses Kapitels ist der Artikel *Agile naar strategisch niveau* von Rini van Solingen und Martin van Soest. Dieser Artikel erschien im April 2019 in der Monatszeitschrift *AG Connect*.

Wenn auch die Strategiebildung und die damit verbundenen Prozesse agil gestaltet werden, ist die Verankerung der Agilität irreversibel. Kurz- und langfristige Ergebnisse werden dann verknüpft und operativ miteinander verflochten. Somit ist ein Rückfall fast unmöglich. Und ohne die Möglichkeit eines Rückfalls ist die Verankerung gelungen. Strategische Agilität bedeutet z.B., dass der CEO oder der strategische Vorstand bereits frühzeitig Experimente in den Teams durchführen lässt, um festzustellen, ob ein strategisches Thema den beabsichtigten Effekt erzielt. Im Idealfall bedeutet dies, dass der Aufsichtsrat oder die Geschäftsführung die strategischen Ziele kontinuierlich anhand empirischer Daten anpasst. Die so entdeckten neuen strategischen Ausrichtungen müssen auch mittels kleiner Experimente umgesetzt werden, die direkt in den agilen Teams auf ihren Geschäftswert hin überprüft werden können. Dies kommt in der Praxis so gut nie vor. Das liegt daran, dass man nicht daran gewöhnt ist oder die Bedeutung einer frühzeitigen Validierung unterschätzt oder sich nicht bewusst ist, dass dies überhaupt möglich ist.

Warum ist eine agile strategische Steuerung für eine agile Transformation so wichtig?

Bei einer agilen Transformation geht es um Beweglichkeit in der Organisation. Dennoch richtet sich die meiste Aufmerksamkeit oft auf die umfangreichste Phase: den Aufbau und das Starten einer großen Anzahl agiler Teams. Diese Teams sind anfangs noch stark voneinander abhängig. Wenn es noch viele Monate dauert, bis aus einer strategischen Idee ein funktionierendes Produkt wird, wie agil ist die Organisation dann als Ganzes? Bei der Strategie geht es jedoch darum, ein nachhaltiges Angebot zu unterbreiten, mit dem eine Organisation auf lange Sicht am Markt relevant bleibt. Und in einer sich schnell verändernden Welt ist es unmöglich, dies allein durch Klugheit und Vorausdenken zu erreichen. Agilität auf strategischer Ebene ist auch entscheidend für den nachhaltigen Erfolg, jetzt und in Zukunft.

In diesem Kapitel geht es um strategische Agilität: Agilität direkt auf der strategischen Ebene. Strategie findet ihren Wert in der Umsetzung, nicht in der Ideenphase. Der Aufbau einer kurzzyklischen strategischen Steuerung ist daher ein logischer nächster Schritt in einer agilen Transformation. Schnelligkeit im Prozess von der Strategie bis zur Ausführung und wieder zurück. Indem strategische

Optionen direkt an operative agile Teams weitergeleitet werden, kann frühzeitig getestet werden, ob strategische Optionen die erwarteten Auswirkungen haben oder nicht.

Indem strategische Optionen direkt an operative agile Teams weitergeleitet werden, kann frühzeitig getestet werden, ob strategische Optionen die erwarteten Auswirkungen haben oder nicht.

Auf diese Weise kann schon Monate bis Jahre früher überprüft werden, ob es sinnvoll ist, eine beabsichtigte große Investition zu tätigen. Widersprüchliche strategische Interessen kommen viel schneller ans Licht.

In der Praxis wird dies nur selten wirklich gemacht. Wir sehen immer noch oft die üblichen langzyklischen strategischen Prozesse und traditionellen Portfolioplanungen. Wir blicken ein bis mehrere Jahre in die Zukunft und wählen anhand von Jahresplänen, in was wir investieren und in was nicht. Es wird zwar schon berücksichtigt, dass diese Ideen an die agilen Teams gehen. Die Festlegung der Strategie selbst beschränkt sich jedoch auf die Pläne für das nächste Jahr und die darauffolgenden Jahre, ohne dass diese sofort in den agilen Teams getestet werden. Es handelt sich also nicht um eine agile Strategie, sondern um die traditionelle Strategie, die eine agile Durchführung berücksichtigt. Die Strategie wird erst Monate oder manchmal Jahre später nach der getroffenen Entscheidung auf Durchführbarkeit und Wert geprüft. Es gibt also keine bidirektionale Verbindung zwischen Strategie und Ausführung.

Was fehlt, ist der Schritt, eine strategische Idee in ein Kurzzeitexperiment umzusetzen, es zu implementieren und an einem einzelnen Kunden zu testen. Durch diesen Schritt werden strategische Prozesse mit echten Daten von echten Kunden gespeist. Dies bietet einen strategischen Vorteil, da viel früher eine erwiesene (Nicht-)Übereinstimmung zwischen Angebot und Nachfrage offensichtlich wird. Das Festhalten an einer klaren Ausrichtung wird einfacher, da sie auf der Grundlage von Daten und konkreten Beweisen und nicht auf Meinungen und Annahmen basiert. Darüber hinaus steigt die Kapitalrendite, da große Veräußerungen vermieden werden. In der Praxis erfordert dies eine wechselseitige Verbindung zwischen Strategiebildung und -erprobung mittels kleiner strategischer Experimente.

FALLSTUDIE
CEO wird CPO, obwohl er erst Bedenken hatte

In einer Organisation, die wir begleiten durften, war eine Transformation in zwölf einigermaßen unabhängige agile Teams vorgenommen worden. Sie arbeiteten marktorientiert und bedienten jeweils ihre eigene Region oder ihr eigenes Land. Die Teams wurden durch acht Product Owner geführt, die für ihr eigenes Marktgebiet Budgetverantwortung hatten. Einige Systeme wurden von mehreren Teams genutzt, andere wurden einem bestimmten Team zugewiesen. Die Product Owner halfen sich gegenseitig: Sie platzierten manchmal Änderungen auf dem Backlog, die auch für andere Teams wichtig waren. Von einer strategischen Steuerung konnte man nicht sprechen. Es handelte sich hauptsächlich um eine lokale Optimierung für ihren eigenen Markt.

Der CEO war mit dem Wechsel zu diesen agilen Teams zufrieden, da sie viel autonomer arbeiteten und schneller auf gewünschte Veränderungen in ihrem eigenen Kundenbereich reagieren konnten. Manchmal sprach er mit jedem Product Owner einzeln über strategische Themen. Anfangs lief dies noch gut, aber im Laufe der Zeit setzte sich die lokale Optimierung fort und es kam zu erheblichen Spannungen im Team der Product Owner.

Wir führten daraufhin ein vierwöchentliches Treffen mit den Product Ownern ein, bei dem die Abhängigkeiten zwischen den verschiedenen Backlogs abgestimmt werden konnten. Zudem baten wir den CEO in diesem Meeting als Chief Product Owner zu fungieren; man könnte sagen als der eigentliche Product Owner. Der CEO hatte zunächst keine Lust dazu. Für ihn klang es zu sehr nach »User Stories schreiben«. Wir konnten ihn davon überzeugen, dass es mehr als das war, und einigten uns darauf, dies für ein Vierteljahr zu versuchen, d. h., er sollte dreimal an einem zweistündigen Meeting teilnehmen. Damit war er einverstanden.

Bereits in der ersten Besprechung wurde deutlich, dass eines der dringendsten und strategisch wichtigsten Themen – die Expansion in einem Land, in dem ein wichtiger Konkurrent bankrott gegangen war und sich damit der gesamte Markt geöffnet hatte – viel zu wenig Beachtung fand. Ein bestimmtes Team war für dieses Land bereits zusammengestellt worden, aber in der Besprechung mit den Product Ownern wurde deutlich, dass dieses Team die Hälfte der Zeit die Arbeit für andere Teams verrichtete. Der CEO bemerkte dies und griff sofort ein.

→

> Er forderte den Rest der Product Owner auf, keine Arbeit auf dieses strategisch relevante Team zu verlagern, sondern für die kommenden Monate so viel Arbeit wie möglich zu übernehmen. Innerhalb von fünfzehn Minuten hatte sich durch die Neuordnung des Backlogs die Teamkapazität für dieses spezifische Land von einem halben Team auf zweieinhalb Teams vergrößert: fünf Mal so viel Kapazität, weil eine strategische Steuerung zwischen den Product Ownern und ihrem Chief Product Owner stattfinden konnte.
>
> Diese Intervention hat sehr gut funktioniert. Innerhalb von zwei Sprints waren die wichtigsten Fragen geklärt und es konnte in diesem offenen Markt voll und ganz agiert werden. Der CEO begriff auf einmal, warum er schon immer der Chief Product Owner gewesen war, diese Rolle jedoch nicht aktiv übernommen hatte. Er erkannte, dass er ohne viel Aufhebens auch direkt strategisch steuern konnte. Die direkte Verknüpfung des CEO mit den Product Ownern war somit eine Tatsache, in diesem Fall sogar für eine kurzfristige strategische Intervention. Im Laufe der Zeit wurde auch das gesamte Managementteam einbezogen, und die Tragfähigkeit einer strategischen Idee wurde viel schneller überprüft. Bis zur Einbeziehung des Managements dachte man noch hauptsächlich in Projekten und Budgets. Nach der Verknüpfung von Geschäftsführung und Product Ownern verschwand dies weitestgehend. In der Diskussion ging es viel mehr um direkte Ergebnisse, das Testen von Ideen und strategische Entscheidungen.

Wie stellen Sie eine agile strategische Steuerung sicher?

Agile Teams sind nur eine der Voraussetzungen, um auch auf strategischer Ebene agil zu sein. Auch die traditionellen Prozesse und die Art und Weise, wie sie eingerichtet sind, müssen grundlegend überholt werden. Glücklicherweise verfügen die meisten Organisationen inzwischen über eine große Anzahl agiler Teams, die in der Lage sind, mit derartigen Ideen zu experimentieren. Es bedarf nur noch einer expliziten Verknüpfung dieser Teams mit der Strategiebildung. Aber wie funktioniert das in der Praxis? Was muss sich ändern, um auch strategische Agilität zu erfahren?

Product Owner und Management spielen dabei eine Rolle. Die direkte Verknüpfung der operativen Durchführung in den Teams mit den strategischen Auswahlprozessen erfolgt nicht automatisch. Das bedeutet, dass man eine direkte Verbindung zwischen Strategie und Durchführung herstellen muss. Die Teams werden (über die Product Owner) mit strategischen Ideen auf Vorstandsebene verbunden. Die daraus resultierenden strategischen Experimente führen zu einer direkten (und schnellen) Rückkopplungsschleife zwischen der strategischen Idee und ihrer Validierung.

Zur Umsetzung solcher strategischen Bewertungen sind konkrete praktische Maßnahmen erforderlich. Nachstehend sind sieben aufgeführt:

MASSNAHME 1: Quantifizieren Sie strategische Zielsetzungen

Die Strategie sollte konkret sein und bei den täglichen Entscheidungen und Überlegungen helfen. Daher muss klar sein, wann etwas »erfolgreich« ist oder wann nicht. Machen Sie die Auswirkungen der Strategie messbar. Nur wenn der Erfolgsindikator bekannt ist, können agile Teams selbstständig die strategischen Ziele ansteuern.

MASSNAHME 2: Richten Sie Strategievalidierung ein

Pläne auf strategischer Ebene sind hypothetisch. Es sind Erwartungen, dass bestimmte Investitionen rentabel und effektiv sein werden. Die Ausführung wird zeigen, ob eine strategische Entscheidung funktioniert oder nicht. Richten Sie daher eine frühzeitige Validierung ein. Schreiben Sie Hypothesen über strategische Ideen explizit auf und testen Sie diese in einem frühen Stadium. Die Reaktion des Marktes wird damit zu einem Steuerungsinstrument. Erst wenn der Erfolg nachgewiesen ist, kann eine Skalierung erfolgen, da Hypothesen über strategische Entscheidungen durch reale Daten bestätigt wurden.

MASSNAHME 3: Akzeptieren Sie, dass nicht bekannt ist, was strategisch vernünftig ist

Es gibt keine Kristallkugel für Strategie. Wir können nun einmal nicht in die Zukunft schauen. Der Mut, zuzugeben, dass wir es nicht wissen, ist daher eine Voraussetzung dafür, um überhaupt auf Entdeckungsreise gehen zu wollen. Und zwar Entdecken durch Handeln! Selbst wenn vorab alle davon überzeugt sind, dass eine strategische Entscheidung richtig ist, kann sie sich dennoch als falsch herausstellen. Und wenn Sie Zweifel an den Entscheidungen haben, sollten Sie sich insbesondere die harten Daten ansehen: Messdaten, die eine Hypothese stützen und bekräftigen. Führen Sie lieber ein zusätzliches Experiment durch, um mehr Daten zu erhalten, damit deutlicher wird, ob eine strategische Idee richtig ist, anstatt im großen Maßstab in etwas zu investieren, das sich als nicht funktionierend herausstellt.

MASSNAHME 4: Binden Sie Product Owner auf strategischer Ebene ein

Für eine strategische agile Steuerung müssen die strategische und die operative Ebene direkt miteinander verbunden sein – mit möglichst geringer Verzögerung zwischen Strategie und Ausführung.

> *Führen Sie lieber ein zusätzliches Experiment durch, um mehr Daten zu erhalten, damit deutlicher wird, ob eine strategische Idee richtig ist, anstatt im großen Maßstab in etwas zu investieren, das sich als nicht funktionierend herausstellt.*

Product Owner spielen dabei eine entscheidende Rolle, da sie direkten Zugang zu den Teams haben und strategische Experimente ganz oben in das Backlog setzen können. Dies führt zu einer schnellen Überprüfung der strategischen Optionen. Lassen Sie also die Product Owner an allen Schritten der Strategiebildung teilhaben.

MASSNAHME 5: Legen Sie einen kurzzyklischen Rhythmus für die strategische Steuerung fest

In einer beweglichen Organisation sind Strategie und Ausführung direkt miteinander verbunden. Auf diese Weise sollte auch die strategische Steuerung in einem festen Rhythmus erfolgen – vorzugsweise sogar häufiger als der Rhythmus der Teams (Sprints). Auf diese Weise werden strategische Optionen schneller iteriert, und bessere und konkretere Vorschläge werden an die Spitze der Backlogs gesetzt. Dies hat den Vorteil, dass strategische Entscheidungen in hoher Frequenz getroffen werden und gleichzeitig der Grad ihrer Umsetzung auch automatisch überwacht werden kann.

MASSNAHME 6: Reorganisieren Sie die bestehende Governance

Eine strategische agile Steuerung kann nur dann stattfinden, wenn die traditionellen Rahmenbedingungen auf eine agile Art der Steuerung umgestellt werden. Zu diesem Zweck wird eine bidirektionale und kurzzyklische Verbindung zwischen der strategischen Ebene und der operativen Ausführungsebene hergestellt. Sobald eine solche schnelle Rückkopplungsschleife implementiert wurde, werden viele Teile der bestehenden Governance schon bald überflüssig. Entscheiden Sie sich dabei bewusst für einen anderen Sprachgebrauch: Eine neue Terminologie führt sofort zu einem anderen Denken, Sprechen und damit zu einem anderen Handeln.

MASSNAHME 7: Stellen Sie eine flexible technische Infrastruktur bereit

Dies ist auch erforderlich, um strategisch beweglich zu sein. Agile Teams, die in einer Umgebung liefern müssen, in der die technische Beweglichkeit zu wünschen übriglässt, können kaum zuverlässige kleine Experimente durchführen. Alles ist miteinander verbunden und voneinander abhängig. Um strategische Agilität zu erreichen, müssen daher auch Investitionen in die Technik getätigt werden. Mehr darüber erfahren Sie in Verankerungsthema 7 (Seite 209).

INTERVIEW

Vom strategischen Jahreszyklus zu einem monatlichen Zyklus

Eine große Logistikorganisation führte den strategischen PDCA-Zyklus[9] im jährlichen Rhythmus durch. Viele Unternehmen sind es gewohnt, dies mit Hinblick auf Budgetierungs- und Investitionsrunden zu tun. Einige Manager, darunter der CIO des IT-Bereichs, wussten nur allzu gut, dass die Dinge auch anders gemacht werden konnten und mussten. Mit einem Jahreszyklus konnten sie beispielsweise kaum auf veränderte Umstände reagieren, und Interessenkonflikte zwischen den Abteilungen kamen nur selten ans Licht.

Also entschlossen sie sich zu einem mutigen Schritt. Sie wollten die Umsetzung der Strategie von nun an auf zwei Arten ändern: Einerseits wollten sie eine integrative Strategie etablieren, d. h. aus der Organisation heraus; jeder konnte sich einbringen. Andererseits wollten sie die Strategie in vierteljährlichem Rhythmus realisieren. Wir befragten sie dazu; somit evaluierten sie auch gleich ihren Strategiezyklus. Dies führte noch an Ort und Stelle zur Vereinbarung, den Zyklus noch kürzer zu machen.

→

---

9. Anm. d. Übers.: Der PDCA-Zyklus beschreibt den vierstufigen Regelkreis des kontinuierlichen Verbesserungsprozesses: Plan, Do, Check, Act (*https://www.projektmagazin.de/glossarterm/pdca-zyklus*).

Was war der erste Schritt zur Anpassung des strategischen Jahreszyklus?
»Im ersten Jahr legten wir gemeinsam eine integrative Strategie fest, u. a. über Veranstaltungen in Form von Marktplätzen. Dies hat viel Anerkennung gebracht. Dass wir offen, transparent und verletzlich sein konnten. Wir wussten auch nicht alles und es war schön, auf das Wissen und die Sachkenntnis von viel mehr Menschen bauen zu können als in dem exklusiven Club, der normalerweise die Strategie ausgearbeitet hat.«

Und? Hat das zum gewünschten Ergebnis geführt?
»So schön und umfassend diese Strategie auch war, mit Blick auf alle Themen: Was liefern wir, wie kümmern wir uns um unsere Infrastruktur und wie schenken wir den Menschen viel Aufmerksamkeit – sie gab nicht wirklich deutliche Richtlinien vor für das, was wir tun wollten. Es war so, als ob alle Teams eine leere Leinwand erhielten und selbst herausfinden mussten, wie sie diese ausfüllen. Im zweiten Jahr haben wir uns daher entschlossen, bei der Festlegung der Strategie einen Mittelweg einzuschlagen. Wir haben die zehn wichtigsten Ergebnisse für das kommende Jahr ausgearbeitet, die alle Teams selbst bearbeiten können. Und diese Top 10 konnten sofort durch den Vorstand aufgegriffen werden. Dies half dem Vorstand auch, viel besser zu verstehen, was unsere Geschäftsausrichtung für den Schwerpunkt im IT-Bereich bedeutet. Im dritten Jahr haben wir diese zehn Ergebnisse realisiert und mit einem vierteljährlichen Zyklus gearbeitet.«

»Dieser vierteljährliche Zyklus hat es uns ermöglicht, Entscheidungen gemeinsam zu treffen, beispielsweise als wir uns mit den Interessenkonflikten innerhalb der verschiedenen Teams und Abteilungen befassen mussten. Hier stand die gemeinsame Strategie an erster Stelle. Wir können jedoch noch viel deutlicher werden, wenn es darum geht, die Ergebnisse messbar zu machen und sie bei Bedarf anzupassen oder zu korrigieren.«

Gibt es noch mehr zu gewinnen, wenn man den Strategiezyklus anpasst?
»Der nächste Schritt ist die Umstellung auf einen monatlichen Zyklus. Dabei stellen wir uns vor, dass es noch immer einen Jahreszyklus gibt und wir die Strategie in Bezug auf die Ergebnisse immer noch in einem vierteljährlichen Zyklus anpassen. Der monatliche Zyklus kann sich dann viel mehr darauf konzentrieren, zwischenzeitliche Erfolge zu feiern und größere Blockaden zu beseitigen,

> die hauptsächlich mit der Abstimmung zu tun haben. Diese möchte man nämlich viel häufiger als nur einmal im Quartal loswerden. Ein monatlicher Zyklus hilft uns auch, noch schneller zu lernen und uns an eine regelmäßige Überprüfung und Anpassung zu gewöhnen.«
>
> **Was ist für Sie die größte Veränderung?**
> »Durch diese Anpassung des Strategiezyklus haben wir viel schneller handeln können. Natürlich ist es noch nicht perfekt, aber es hat uns dazu befähigt, viel schneller zu lernen und auf Veränderungen zu reagieren. Wir nutzen die Expertise innerhalb der Organisation jetzt viel mehr. Der größte Lernmoment dabei war zweifellos: Freiheit ohne Richtung ist wenig wert. Man muss also die Mitte zwischen dem gemeinsamen Gestalten und dem Vorgeben fester Rahmenbedingungen finden.«

Unterschätzen Sie nicht die Bedeutung der strategischen Beweglichkeit. Wenn sich die agile Transformation tatsächlich nur auf die Teams, die sich auf kurze Zeiträume konzentrieren, beschränkt und die Strategiebildung vor allem Jahre im Voraus betrachtet wird, dann ist die agile Transformation als Ganzes mit einem hohen Rückfallrisiko behaftet. In diesem Fall verstärken sich kurze und lange Fristen dann nicht gegenseitig. Der Aufbau von strategischer Agilität ist auch keine leichte Aufgabe, da er sich auf alle Ebenen und Rollen auswirkt und bestehende Prozesse und Rahmenbedingungen komplett umwirft. Denken Sie beispielsweise an den jährlichen Planungs- und Kontrollzyklus, die programmatische Steuerung auf der Grundlage von Kosten- und Zeiterfassung oder den jährliche Budgetierungsprozess.

Mit Blick auf die Zukunft bieten sich hier große Möglichkeiten für Organisationen, um neben den operativen agilen Teams auch ihre Strategie agil aufzustellen. Dies ist ein logischer nächster Schritt in einer agilen Transformation. Die agilen Teams stehen nämlich bereit. Jetzt fehlen nur noch die Strategen! Je kürzer die Zeit zwischen Idee und Validierung ist, desto besser können die strategischen Prozesse mit echten Daten gespeist werden.

Los geht's

Während es für kleine Teams relativ einfach ist, in einem schnellen Lieferrhythmus zu arbeiten, ist die Anpassung des strategischen Zyklus schwieriger. Es ist daher ratsam, so bald wie möglich mit diesen Anpassungen zu beginnen.

- Beginnen Sie die Transformation mit der Suche nach Unterstützung durch und Zugang zur allerhöchsten Führungsebene.

- Helfen Sie Führungskräften, ihre Strategie zu validieren; eine Strategie enthält viele Annahmen, die viel öfter als einmal im Jahr getestet werden sollten.

- Bringen Sie strategische Führungskräfte und Product Owner regelmäßig zusammen.

- Machen Sie auch die Strategieentwicklung zu einem kurzzyklischen Prozess. Und wenn dies nicht sofort funktioniert, verdoppeln Sie mindestens die Anzahl der Zeitpunkte, an denen Sie sich mit der Strategie beschäftigen.

- Lassen Sie sich in kurzzyklischen strategischen Sitzungen inspirieren, beispielsweise durch Big Room Plannings oder Marktplätze, damit alle hinter der Strategie stehen.

17 Verankerungsthema 4: Messen und Abstimmen

Einleitung

In einer beweglichen Organisation werden Entscheidungen auf der niedrigstmöglichen Ebene in der Organisation getroffen. Wenn dies richtig umgesetzt wird, entsteht Selbstorganisation innerhalb der Teams. Dann können die Teams und größere Teile der Organisation ihre eigenen Entscheidungen treffen, d. h. selbstgesteuert werden. Diese Autonomie sollte Hand in Hand gehen mit dem Grad des »Alignments«, also der gleichen Ausrichtung. Initiativen in den verschiedenen Bereichen sollten sich gegenseitig verstärken und gemeinsam zur Erreichung der strategischen Ziele der Organisation beitragen.

In Organisationen, die auf Teamebene agil zu arbeiten beginnen, stellt sich oft heraus, dass die herkömmlichen Formen der Steuerung doch noch benötigt werden, um in der komplexen Organisation Ergebnisse zu erzielen, dass sie aber gleichzeitig auch der Beweglichkeit der Organisation im Wege stehen. Während der Transformation muss also ziemlich schnell die Aufmerksamkeit auf das Verankerungsthema »Messen und Abstimmen« gerichtet werden, damit die Teams nicht nur selbst für die Ergebnisse verantwortlich sind, sondern diese Autonomie auch bewältigen können.

Warum ist das Verankern von Messen und Abstimmen so wichtig?

Zu Beginn der Transformation hatte eine Organisation klare Prinzipien, ihren Kompass, aufgestellt. Ein Manager sagte: »Schön, wir haben einen Kompass, aber wer bestimmt die Richtung?« Wenn wir wollen, dass die richtigen Entscheidungen bis auf Teamebene getroffen werden, muss deutlich sein, was das gewünschte Ergebnis ist. Für ein Team ist es oft schon schwierig, alle auf eine Linie zu bringen. Bei Transformationen mit Hunderten von Teams ist diese Abstimmung noch komplizierter. Am Anfang zu viel Freiheit zu geben oder die Bedeutung dieser Abstimmung zu unterschätzen, ist einer der Fallstricke von Transformationen. Es entstehen kleine Inseln, kleine Königreiche, wodurch das Ergebnis der gesamten Kette unter Druck gerät oder gar ausbleibt. Die Autonomie der Teams kann nur funktionieren, wenn es ausreichend Abstimmung auf eine gemeinsame Richtung gibt. Wenn Teams unterschiedliche Ziele verfolgen, erhalten Sie unterschiedliche Lösungen. Es mag selbstverständlich klingen, vorab eine Richtung vorzugeben, aber je mehr die Selbstorganisation und Autonomie der Teams zunehmen, desto wichtiger wird dies. Dies mag im Widerspruch mit dem Konzept der »Selbstorganisation« stehen, aber das Fehlen einer gemeinsamen Richtung führt zu Chaos.

Der zweite Grund hat mit dem Prinzip der kontinuierlichen Verbesserung zu tun: wissen, dass Anpassung notwendig ist, und in der Lage sein, diese auch durchführen zu können. Teams, die mit dem Kunden im Kontakt stehen, können auf vielfältige Weise im Auge behalten, ob das Produkt oder die Dienstleistung zu zufriedenen Kunden führt. Aber das ist nicht das einzige Kriterium, auf das Organisationen achten, um erfolgreich zu sein. Weiß ein Team, ob es Innovationen genug Aufmerksamkeit schenkt? Steigt die technische Schuld vielleicht zu sehr? Was ist mit den Betriebskosten? Hat die Qualität das gewünschte Niveau? Ohne Maßnahmen, die die Teams bei den Messungen unterstützen, erfährt man nicht, was nicht gut läuft, da eine gewisse Feedbackschleife fehlt. Infolgedessen wird auch der Anreiz fehlen, es besser zu machen, zu lernen und mehr Eigenverantwortung für das Endergebnis zu übernehmen.

Verankern Sie also das Messen und Abstimmen, sodass die richtigen Dinge geliefert werden und das Feedback zum Ergebnis und zum Prozess stets zur Verbesserung genutzt wird.

Wie verankert man die richtige Ausrichtung in einer beweglichen Organisation?

Je nach Transformationsphase und Reifegrad der Teams werden unterschiedliche Maßnahmen erforderlich sein. Für das Transformationsteam ist es sinnvoll, die herkömmliche Art der Steuerung schrittweise durch Selbstorganisation zu ersetzen. Es kann hilfreich sein, dies sukzessiv zu machen, da ein zu schnelles Loslassen sich negativ auf die Ergebnisse auswirken kann. Infolge des zu schnellen Loslassens kommen Transformationen zum Stillstand und gewohnte Steuerungsmittel werden wieder eingesetzt.

> *Infolge des zu schnellen Loslassens kommen Transformationen zum Stillstand und gewohnte Steuerungsmittel werden wieder eingesetzt.*

Blicken Sie gemeinsam zurück und nach vorne

Diese Maßnahme hat sich bereits in vielen Organisationen als nützlich erwiesen, wird aber aus Effizienzgründen noch zu oft vermieden. Beschränken Sie Sprint-Reviews nicht auf eine Veranstaltung, in der nur ein einzelnes Team zurückblickt, sondern blicken Sie auch nach vorne und finden Sie Gemeinsamkeiten mit anderen Teams. In einigen Organisationen wird alle paar Sprints ein großes Review mit der gesamten Organisation durchgeführt. Begrenzen Sie Product Backlog Refinements nicht auf eine Sitzung, in der nur der Product Owner angibt, was der Kunde wünscht. Laden Sie andere Teams, Stakeholder und Kunden ein, um ein Thema auszuarbeiten. Untersuchen Sie gemeinsam, welche Bedürfnisse bestehen, skizzieren Sie die Lösungen und validieren Sie die Pläne.

Auch die Planung eines gesamten Quartals kann gut mit mehreren Teams und Stakeholdern durchgeführt werden. Viele Organisationen organisieren zweitägige Big Room Plannings (auch PI-Planungen genannt). Hier erstellen alle an der Wertschöpfungskette Beteiligten gemeinsam einen Rahmenplan. Die Transparenz und Abstimmung sorgen für schnellere Entscheidungsfindung, bessere Wahlmöglichkeiten und mehr Autonomie. Aber auch im Sprint-Rhythmus selbst kann viel gewonnen werden, wenn man die richtigen Stakeholder zum richtigen Zeitpunkt einbindet oder bestimmte Sitzungen gemeinsam durchführt.

Machen Sie einen Product Owner für die Wertschöpfungskette verantwortlich

Die meisten Transformationen beginnen mit dem Scrum-Framework auf Teamebene. In vielen Fällen erhält jedes Team zunächst einen eigenen Product Owner, aus der Idee heraus: Jedes Scrum-Team braucht einen Product Owner. Der Product Owner eines Teams ist dann häufig kein Owner eines ganzen Produkts, sondern nur eines Teiles davon. Dadurch entsteht gerade noch mehr Koordinationsbedarf.

Indem man einen Product Owner für die gesamte Wertschöpfungskette (das Produkt oder die Kundenreise) einsetzt, werden plötzlich viele Dinge deutlich: z. B. die Priorität über die gesamte Kette hinweg und ob alle Teams gemeinsam an einem Produkt arbeiten. Auf diese Weise kann die Rolle des Product Owners als Visionär, der Unternehmergeist zeigt, stärker erfüllt werden. Ein Product Owner kann dann mehrere Teams haben. Achten Sie jedoch darauf, dass die Teams den Product Owner hinreichend unterstützen und über die dafür erforderlichen Fähigkeiten verfügen.

Ein geordneter Informationsfluss spielt hier eine wichtige Rolle. Erhält der Product Owner alle verfügbaren Produktinformationen – z. B. Kundenwünsche und Finanzen – von allen Teams? Machen die Teams den Product Owner auf die Qualität des Produkts, technische Schwerpunkte usw. aufmerksam? Dies ist jedoch einfacher zu organisieren als die Abstimmung zwischen vielen Personen, die für dasselbe Produkt verantwortlich sind.

Bringen Sie Dinge zu Ende

Die Essenz von Scrum kann wie folgt beschrieben werden: Jeder Sprint ist ein »fertiges Inkrement«. Es ist ganz wesentlich für das agile Arbeiten, die Arbeit vollständig zu Ende zu bringen, sodass das Ergebnis vom Kunden verwendet werden kann.

> *Es ist daher notwendig, bei der Transformation ausdrücklich darauf zu achten, unnötige Prozessschritte zu beseitigen, die Architektur zu vereinfachen und die Zusammensetzung der Teams zu überdenken.*

So können Sie überprüfen, ob Sie das Richtige getan haben, und echten Kundennutzen erzielen. Leider sind viele Organisationen so komplex geworden, dass es schwierig ist, etwas wirklich fertigzustellen und an den Kunden zu liefern. Es ist daher notwendig, bei der Transformation ausdrücklich darauf zu achten, unnötige Prozessschritte zu beseitigen, die Architektur zu vereinfachen und die Zusammensetzung der Teams zu überdenken – cross-funktional und in der Lage sein, ein Gesamtprodukt zu liefern. Alles, was notwendig ist, um die Dinge in einem Sprint fertigzustellen.

Stellen Sie einen Obeya-Raum zur Verfügung

»Obeya« ist japanisch; es bedeutet »großer Raum« und ist ein Werkzeug des Lean-Managements. Es wird auch in immer mehr agilen Organisationen verwendet, um in einem Raum den Status der Organisation (oder der Organisationseinheit) und der Transformation transparent zu machen. An den Wänden wird dargestellt, wer womit beschäftigt ist, welche Hindernisse es gibt, welche Ziele verfolgt und welche Ergebnisse erzielt werden. So kann jeder hereinkommen, um Informationen zu erhalten und sich mit anderen abzustimmen. Oft wird auch eine Wand den Indikatoren gewidmet als eine Art Dashboard. Für jedes Team werden OKRs transparent gemacht (siehe unten). Abweichungen von früheren Plänen werden regelmäßig in sehr kurzen Besprechungen erörtert. Der für jeden frei zugängliche Obeya-Raum stimuliert einen optimalen Informationsfluss, sodass jedes Team (oder auch jeder Einzelne) zu Autonomie und Selbstorganisation befähigt wird.

Führen Sie OKRs zur Transparenz der Ziele ein

OKRs stehen für »Objectives and Key Results«, d.h. Zielsetzungen und Ergebniskennzahlen. Es sind Werkzeuge, die in ziemlich vielen agilen Organisationen verwendet werden, um zielorientiert zu arbeiten und Ergebnisse messbar zu machen. Die Idee ist, dass die Ziele zunächst auf Organisationsebene (und pro Organisationseinheit) bestimmt werden und dass die Teams im Anschluss ihre eigenen Ziele aufstellen, die zu den übergeordneten Zielen beitragen. Die meisten Organisationen entscheiden sich für einen Rhythmus, bei dem die OKRs alle drei Monate aufgestellt oder zumindest überprüft (und gegebenenfalls angepasst) werden.

Das hat den Vorteil, dass den Teams deutlich wird, worauf sie sich während der nächsten drei Monate konzentrieren müssen. Ein Team wird jedoch erst dann zu einem echten Team, wenn es ein gemeinsames Ziel hat. Dadurch kann jedes Teammitglied mehr Teamverantwortung spüren und beschränkt sich nicht nur auf seine eigenen individuellen Aufgaben. Ein weiterer Vorteil ist, dass sich das Team stärker auf das konzentrieren wird, was es erreichen will, anstatt auf die Aktivitäten, die es durchführen will.

Durch die Festlegung der OKRs für drei Monate kann das Team auch die wichtigsten Ergebnisse während dieses Zeitraums verfolgen. Indem diese Fortschritte transparent gemacht und besprochen werden, wird die Möglichkeit geschaffen, andere um Hilfe zu bitten, sodass ein ehrgeiziges Ziel doch erreicht werden kann. Auch die Erwartungen können auf diese Weise gemanagt werden.

Das Team kann anhand der OKRs regelmäßig, z. B. jede Woche, evaluieren: Wie weit sind die Fortschritte auf dem Weg zu dem zu erreichenden Ziel und wie sollten Anpassungen vorgenommen werden? Diese Erkenntnisse können zur Bestimmung des nächsten Sprint-Ziels berücksichtigt werden.

> *Ein Team wird jedoch erst dann zu einem echten Team, wenn es ein gemeinsames Ziel hat.*

Alle drei Monate werden die bisherigen OKRs gemeinsam evaluiert. Dann wird deutlich, welcher Teil der Ziele erreicht worden ist. Auf der Grundlage der gewonnenen Erkenntnisse können wieder neue OKRs erstellt werden. Möglicherweise können diese dann etwas ambitionierter sein. Das Team muss die Verantwortung für die festgelegten Ziele übernehmen. Diese können dann nicht von anderen auferlegt oder angepasst werden. Das Team bestimmt selbst, wie ehrgeizig die Ziele sein dürfen. OKRs sind kein Druckmittel, mit dem Teams härter arbeiten müssen! Sie werden zwar oft diesen Effekt haben, aber dann aus einer intrinsischen Teammotivation heraus, und zwar nicht unbedingt durch größere Anstrengungen, sondern durch schlaueres und gezielteres Arbeiten.

WERKZEUG
Objectives and Key Results (OKRs)

Die Grundformel für OKRs lautet: »Wir werden« (Objective) »gemessen anhand von« (Liste der Key Results). »Objective« gibt an, wo das Team hin will: das bedeutungsvolle Ziel, das es erreichen will. Ein Objective ist qualitativ, ambitioniert, inspirierend und prägnant.

Zu jedem Objective gehören ungefähr drei Key Results. Diese ermöglichen es dem Team, zu wissen, ob das Ziel tatsächlich erreicht wurde. Key Results sind SMART: spezifisch, messbar, akzeptabel, realistisch und terminiert.

BEISPIEL: OKR für ein Personalteam
»Wir werden in Q2« (das Mitarbeiterengagement vergrößern) »gemessen anhand von« (der Abwesenheitsrate von 7,5% auf 7% und dem Zufriedenheitswert von 6,5 auf 7).

Dieses Team kann anschließend Aktivitäten zu seinem Backlog hinzufügen, mit denen es davon ausgeht, diese Ziele zu erreichen. Zum Beispiel eine Themenwoche im Zusammenhang mit dem Wohlergehen der Mitarbeiter organisieren oder das Feedback der vorherigen Zufriedenheitsuntersuchung weiterverfolgen. Der Erfolg dieser Aktionen wird an den Key Results gemessen.

Los geht's

Das Anpassen von Messen und Abstimmen in der Organisation ist nicht einfach:

- Stellen Sie sicher, dass eine größere Autonomie der Teams mit einer stärkeren Abstimmung einhergeht.
- Stellen Sie sicher, dass die Product Owner Verantwortung/Ownership für das gesamte Produkt übernehmen.
- Führen Sie die Arbeit bei jedem Sprint zu Ende, damit die Validierung häufig und schnell stattfinden kann.
- Stellen Sie erst die Mittel zur Selbstorganisation zur Verfügung, bevor Sie das »Steuerrad« loslassen.
- Schaffen Sie Transparenz, z. B. durch einen Obeya-Raum und OKRs.

18 Verankerungsthema 5: Finanzen

Einleitung

Für jede Organisation sind Geldströme für ihr Bestehen existenziell. Durch eine agile Transformation wird eine Organisation dies anders betrachten. Das hat mit einer grundlegenden Veränderung zu tun: In einer agilen Organisation wird Arbeit an stabile Teams gegeben, wohingegen traditionell »Ressourcen« an die Arbeit gebracht werden. Es ist also problematisch, wenn Finanzsysteme und -prozesse weiterhin auf Projekten basieren, in denen der Fortschritt in Bezug auf Umfang, Zeit und Geld überwacht wird. In einer agilen Organisation wird der Fortschritt durch die kontinuierliche Betrachtung von Ergebnissen und Resultaten bestimmt. Kundennutzen wird in kurzen Zyklen durch weitgehend stabile Teams bei stabilen Kosten geschaffen. Die Verankerung der agilen Transformation muss also auch für die zugrunde liegenden Finanzsysteme und -prozesse erfolgen.

Warum ist die Verankerung von Agilität im Finanzbereich so wichtig?

Organisationen sind es oft gewohnt, Abteilungen und Projekte zu finanzieren. Dies passt oftmals nicht gut zu einer neuen agilen Organisationsstruktur, in der sich die Organisation um cross-funktionale Teams dreht, die von Anfang bis Ende Kundennutzen rund um ein Produkt oder eine Dienstleistung liefern. Dies bedeutet, dass neue Wege gefunden werden müssen, um damit umzugehen und regelmäßig zu bewerten, welche Teams oder Wertschöpfungsketten mehr oder weniger Investitionen erfordern. Agile Teams sind zwar weitgehend stabil, dennoch kann sich deren Zusammenstellung im Laufe der Zeit verändern.

Auch die Autonomie der Teams nimmt zu. Womöglich möchten Sie mit einem Team oder Product Owner Vereinbarungen über das Maß an Freiheit treffen, bestimmte Ausgaben tätigen zu können. In einer schnellen, beweglichen Organisation reicht es jedoch nicht mehr aus, vierteljährlich oder jährlich Einblick in die Finanzergebnisse zu erhalten: Die Organisation benötigt kontinuierlich Einblick, welche Prozesse angepasst werden müssen.

Die Frage ist, wie man als Organisation Innovationen fördert. In einer Organisation gibt es oft alle möglichen neuen Ideen, aber man kann diese nicht alle gleichzeitig und vollständig ausprobieren. Einige Organisationen wählen darum eine Art Venture-Capital-Ansatz, bei dem in vielversprechende Ideen investiert wird, sodass eine erste Version entstehen kann. Auf der Grundlage der daraus gewonnenen Erkenntnisse kann dann entschieden werden, mehr zu investieren und aufzustocken oder es dabei zu belassen.

All dies wirkt sich auf die bestehenden Finanzprozesse aus. Achten Sie also darauf, dass diese die Beweglichkeit und Schnelligkeit der Organisation nicht behindern, sondern vielmehr fördern.

> **FALLSTUDIE**
> **Finanzierung für cross-funktionales Scrum-Team misslingt**
>
> Ein Versorgungsunternehmen stand vor der Herausforderung, die Innovation und Instandhaltung seiner Anlagen zu beschleunigen. Um dieses Problem zu lösen, wurde ein cross-funktionales Scrum-Team eingesetzt, dem ein Finanzexperte angehörte, der sich mit den finanziellen Folgen der Instandhaltung auskannte und über Kenntnisse des Lebenszyklusmanagements verfügte.
>
> Das Team startete durch. Innerhalb weniger Sprints lieferte es diverse Business Cases, die sowohl für den Kunden als auch die Organisation zu finanziellen Einsparungen führten. Das Team wollte gerade weiter machen, als die Pläne für das darauffolgende Jahr vorgelegt werden mussten. Schon bald tauchten die ersten Risse im cross-funktionalen Team auf. Denn obwohl sie viel und schnell (finanziellen) Wert erbrachten, wurde dies einer spezifischen Abteilung zugeschrieben. Die anderen Abteilungen bekundeten ihren Unmut. Immerhin hatten auch sie Kapazitäten zur Verfügung gestellt und folglich ihren Beitrag zum Team geleistet, wovon sie jetzt aber nichts mehr sahen.

> In den Jahresplänen der einzelnen Abteilungen waren in der Folge keine Beiträge mehr durch Arbeitskräfte aus anderen Teams für das cross-funktionale Team vorgesehen. Da es sich auch nicht um ein Projekt handelte, blieb die Finanzierung auf der Strecke. Kurz darauf wurde das Team aufgelöst.
>
> Dies veranschaulicht, dass die Finanzierung von Abteilungen einen großen Einfluss auf die cross-funktionale Arbeit haben kann. In diesem Fall wurde die Dringlichkeit, etwas zu ändern, noch nicht erkannt. Wäre diese Dringlichkeit schon früher zur Sprache gekommen, hätte dies einen großen, positiven Einfluss auf dem Weg zum agilen Arbeiten gehabt.

Wie verankern Sie Agilität im Finanzbereich?

Beziehen Sie Finanzexperten aktiv bei agilen Teams mit ein

Wenn Finanzfachleute von Zeit zu Zeit in agile Teams eingebunden werden, können sich daraus für beide Seiten Vorteile ergeben. So können beispielsweise Business-Controller und andere Fachleute ihr Wissen und ihre Fähigkeiten im Finanzbereich mit agilen Teams teilen und den Wert, den die Teams liefern, messbarer machen. Ein weiterer Vorteil besteht darin, dass die Finanzexperten ein besseres Bild von der Arbeitsweise der agilen Teams erhalten, was es ihnen auch ermöglicht, die Art und Weise, wie sie auf das Team zugehen, anzupassen.

Bei einer unternehmensweiten agilen Transformation fehlen in einer Abteilung wie der Finanzabteilung oft noch grundlegende Kenntnisse über Agilität. Als Transformationsteam können Sie in Ihrer Roadmap aufnehmen, dass auch die Finanzexperten Grundkenntnisse aufbauen müssen. Es könnte sogar gut funktionieren, wenn Finanzfachleute zu einem festen Bestandteil der cross-funktionalen agilen Teams würden.

FALLSTUDIE
Epics durch relativen Vergleich priorisieren

In einer Organisation waren regelmäßige Besprechungen mit der Geschäftsführung und den Product Ownern vereinbart worden. Wie in den meisten Organisationen gab es auch hier weit mehr Ideen als Kapazitäten und Ressourcen. Man musste sich also entscheiden. Was führen wir durch und was nicht? Was machen wir zuerst und was später? Müssen wir wirklich alles durchführen oder können wir auch weniger machen und uns getreu des Ansatzes der »tief hängenden Früchte« auf jene konzentrieren, die rasche Erfolge versprechen?

In diesen Besprechungen wurde der Wert von Epics gemeinsam anhand von T-Shirt-Größen geschätzt: S bis XXXL. Konkret bedeutete dies: Es standen Flipcharts an der Wand mit den T-Shirt-Größen und die Epics wurden diesen zugeordnet. Durch diese relative Schätzung des Werts kamen Epics mit einem vergleichbaren Wert zusammen auf ein Flipchart. Zudem diente dies als Diskussionsgrundlage mit der Geschäftsführung und den Product Ownern, sodass eine gemeinsame Vorstellung davon entstehen konnte.

Diese Bewertung funktionierte wesentlich besser als die finanziellen Business Cases, die in der Vergangenheit mithilfe von umfangreichen Tabellenkalkulationen erstellt wurden. Ein zusätzlicher Vorteil war, dass schlaue Product Owner für ihr Epic bereits im Vorfeld eine Einschätzung darüber erstellen ließen, wie viel Arbeit dies erfordern würde, sodass der Return on Investment (ROI) jedes Epics grob bestimmt werden konnte. Ohne in Details zu gehen, visualisierten sie dies, indem sie die T-Shirt-Größen mit Zahlen verknüpften (S=1, M=2, L=3, XL=5, usw.), sodass sich das Verhältnis von Wert und Aufwand, also ein grober ROI, berechnen ließ (siehe auch den Kasten über WSJF auf der folgenden Seite).

Dies hatte den Nebeneffekt, dass aufgrund der hierdurch entstandenen Ordnung die Relevanz, einige Epics zu teilen, ersichtlich wurde. Ein kleineres Epic erhielt dann oft einen größeren ROI und höhere Priorität, da der Aufwand geringer war.

In diesem Fall war es vor allem interessant, dass man für ein einzelnes Epic gut messen konnte, was es tatsächlich erbrachte: z. B. die Anzahl der neuen Kunden oder der zusätzliche Umsatz. Auf diese Weise konnte im Laufe der Zeit ein finanzieller Wert an eine bestimmte T-Shirt-Größe gekoppelt werden. Ein XXL-Epic bedeutete z. B. ein Umsatzwachstum von mehr als 1 Million Euro innerhalb von

→

> zwölf Monaten. Bis eine bessere Zahl zur Verfügung stand, rechnete das Team also der Einfachheit halber mit demselben Betrag für alle XXL-Epics. Und wenn bei der Diskussion herauskam, dass ein bestimmtes XXL-Epic dies niemals einbringen konnte, wurde zugleich deutlich, dass es wahrscheinlich überhaupt keinen XXL-Wert hatte, sondern z. B. eher einen XL-Wert.
>
> Der Business-Controller erhob im Nachhinein die Zahlen für die Epics, deren Einnahmen sich sehr genau bestimmen ließen. Diese Person war ein fester Bestandteil der Product-Owner-Besprechung. Dieser Umstand erleichterte den Product Ownern den Zugang zur Finanzabteilung und sie wurden dadurch intensiver bei der Einschätzung und Messung des finanziellen Werts mit einbezogen.

Als Transformationsteam können Sie auch konkret dafür sorgen, dass Product Owner und Finanzexperten mehr über das Prinzip von WSJF (Weighted Shortest Job First)[10] erfahren. Dieses Instrument führt Priorisierungen auf der Grundlage von Wert und Aufwand auf einfache Weise aus. Sowohl für Product Owner als auch Finanzexperten ist es ein verständliches Instrument, um darüber miteinander ins Gespräch zu kommen.

PRAKTISCH
WSJF (Weighted Shortest Job First)

Das Sichtbarmachen des finanziellen Werts ist für Product Owner häufig Neuland. Ein einfaches Werkzeug hierfür ist WSJF (Weighted Shortest Job First) aus dem SAFe®-Framework. Dies funktioniert wie folgt:

  WSJF = Cost of Delay (CoD)[11] / Job Duration[12]

Wobei: Kosten der Verzögerung = Geschäftswert + Zeitkritikalität + Risikoreduzierung und/oder Gelegenheiten (Gibt es andere Risiken, die man damit senken kann? Gewinnen wir Einsichten, die bei anderen Vorhaben helfen?)

→

---

10. Anm. d. Übers.: der gewichtete kürzeste Job zuerst.
11. Anm. d. Übers.: Kosten der Verzögerung.
12. Anm. d. Übers.: oder Job Size: Aufwand.

> Für jedes einzelne Element wird eine relative Einschätzung vorgenommen, z. B. für ein Merkmal im Vergleich zu anderen Merkmalen. Die Skala, die hier zum Einsatz kommt, ist üblicherweise eine – leicht modifizierte – Fibonacci-Reihe: 1, 2, 3, 5, 8, 13, 20. Die Ergebniszahl kann beim Priorisieren der Backlogs helfen.
>
> Dies sind relative Einschätzungen. Im Nachhinein können Sie jedoch überprüfen, wie viel Geschäftswert wirklich erbracht wurde. Dabei können z. B. Business-Controller behilflich sein. Auf dieser Grundlage können Product Owner und Stakeholder zukünftige Einschätzungen verbessern und untermauern.

Helfen Sie beim Übergang von Projekt- zu Produktfinanzierung

Wie bereits in diesem Kapitel angedeutet, ist eine neue Art der Budgetplanung, auch agile Budgetplanung genannt, für das Verankern der Agilität in einer Organisation unerlässlich. Diese Änderungen haben große Auswirkungen, nicht nur auf das Finanzmanagement, sondern z. B. auch auf die Strategie (siehe Verankerungsthema 3, Seite 173). Anstatt die gesamte Finanz- und Budgetplanung auf einmal über den Haufen zu werfen, ist es vernünftiger, diese Veränderungen erst für wenige Produkte oder ein Produktportfolio vorzunehmen. Lassen Sie sich dabei von einem Finanzexperten mit Erfahrung und Offenheit für Agilität unterstützen.

> **FALLSTUDIE**
> **Vom jährlichen Tanz um das Budget hin zu Stabilität und Beweglichkeit**
>
> Wie in vielen Organisationen wurde eine jährliche Budgetrunde, die Jahresplanung, abgehalten. Die Aufgabe des Portfoliomanagers in dieser Organisation bestand darin, das Budget über die strategischen Projekte und Programme zu verteilen. Dieser Prozess verlief zufriedenstellend. Jeder Geschäftsbereich gab an, welche Projekte ausgeführt werden mussten und wie diese zur Strategie beitrugen. Die Nachfrage war immer größer als das Budget, aber in den diversen Sitzungen kurz vor Jahresende wurde entschieden, welche Projekte ein Budget für das neue Jahr erhielten.

Der Portfoliomanager stellte fest, dass immer mehr Projekte unterschiedlich durchgeführt wurden. Nicht der Projektleiter, sondern der Produktmanager war daran beteiligt. Der Produktmanager realisierte mithilfe von festen Teams erfolgreich kleine und größere Projekte. Es gab weniger der üblichen Eskalationen, um mehr Geld für ein Projekt zu erhalten.

Der Portfoliomanager suchte das Gespräch mit dem Geschäftsbereich und der für diese Umsetzung verantwortlichen Person. Er beschäftigte sich mit den Abläufen und vertiefte sich in das hier verwendete Rahmenkonzept. Bald kam er zu dem Schluss, dass die Budgets nicht mehr an Projekte, sondern an Tribes bewilligt werden sollten. Im folgenden Jahr wurde ein erster Schritt zu einer stabileren Finanzierung der Tribes unternommen. Das geschah zwar immer noch auf der Grundlage von Projekten, war aber klarer nach Wertschöpfungsketten geordnet. Im folgenden Jahr war das Spektakel um die Projektbudgets so gut wie verschwunden. Das für Investitionen und Instandhaltung verfügbare Budget wurde über die Tribes auf der Grundlage ihrer erwarteten strategischen Bedeutung aufgeteilt. Zudem fand eine substanzielle Diskussion statt: Welche Initiativen haben den am höchsten erwarteten relativen Wert? Sowohl Budget als auch Inhalt wurden dabei nicht mehr jährlich, sondern viermal pro Jahr besprochen.

Die Herangehensweise des Portfoliomanagers brachte zwei interessante Vorteile mit sich. Erstens gab es keinen Grund mehr, zu viel (Kapazität, Budget) zu verlangen. In der ursprünglichen Situation wusste jeder Geschäftsbereich, dass immer weniger zugeteilt wurde als beantragt. Es wurde darum strukturell zu viel verlangt, es gab keinen Grund, Projekte genau zu kalkulieren. Da die Beschaffung des Budgets nun nicht mehr von einem Projekt abhing, wurde es immer wichtiger, Projekte so genau wie möglich zu kalkulieren; dann schnitten sie im relativen Vergleich besser ab. Ein zweiter Vorteil war die Teambesetzung. Mit einem einigermaßen stabilen Budget konnte auch mit einer festen Teambesetzung gearbeitet werden: keine Personalbesetzung pro Projekt oder in Teilzeit zugewiesene Ressourcen, sondern feste Teams, die für einen längeren Zeitraum zusammenarbeiten. Es war also keine Ressourcenplanung nötig, und diese Stabilität führte auch zu einer Steigerung der Produktivität.

Lassen Sie ein Verbesserungsteam die Finanzprozesse verbessern

Während der agilen Transformation wird oft deutlich, welche Finanzprozesse angepasst werden sollten, damit der Kunde tatsächlich bemerkt, dass die Organisation schneller und beweglicher geworden ist. Zu Beginn von Teil B haben wir bereits über Verbesserungsteams (Seite 34), also temporäre cross-funktionale Teams, gesprochen, die sich auf ein bestimmtes Veränderungsthema konzentrieren. Dazu eignen sich auch Veränderungen der Finanzprozesse.

> **FALLSTUDIE**
> **Verbesserungsteam schlägt vier Verbesserungen im Finanzbereich vor**
>
> Ein cross-funktionales Verbesserungsteam für Finanzprozesse bestand aus Business-Controllern, kundenorientierten Mitarbeitern, BI-Spezialisten und Product Ownern. Es wurden zwei dreitägige Design-Sprints organisiert, wobei zwischenzeitlich ein breites Feedback von der Organisation eingeholt wurde. Am Ende der zweiten Woche lagen vier konkrete Vorschläge zur Prozessoptimierung vor, die im Anschluss implementiert wurden. Dabei konnten Teams eigenverantwortlich Ausgaben bis zu 50 000 Euro tätigen. Verkaufsprognosen wurden von nun an kontinuierlich aktualisiert. Zudem fanden die Teams heraus, wie sie am besten Veränderungen in der Teamzusammensetzung erreichen konnten. Somit war der Prozess, durch den geschäftliche Erkenntnisse generiert wurden, geschärft worden.

Los geht's

Es ist hilfreich, die Finanzprozesse so schnell wie möglich auf die agile Arbeitsweise anzupassen. Wenn Sie damit anfangen möchten, berücksichtigen Sie Folgendes:

- Beziehen Sie Finanzexperten in agile Teams und z. B. in Sitzungen zur Priorisierung mit ein.
- Unterstützen Sie Teams, mit oder ohne Hilfe von Finanzexperten, den gelieferten Wert zu quantifizieren.
- Richten Sie die Budgetplanung an der Wertschöpfungskette aus anstatt an Projekten und Abteilungen.
- Setzen Sie ein Verbesserungsteam ein, um Prozesse zu verbessern, die zu einer schnelleren und beweglicheren Organisation beitragen.

19 Verankerungsthema 6: Compliance

Einleitung

Jede Transformation, ob groß oder klein, hat früher oder später mit allen möglichen Verfahren und Regeln zu tun. Häufig handelt es sich dabei um interne Prozesse, die manchmal schon seit vielen Jahren bestehen. Es kann sich aber auch um auferlegte Regeln handeln, wie beispielsweise von Aufsichtsbehörden oder dem Gesetzgeber. Die vorherrschende Auffassung ist, dass diese Regeln und Verfahren nun einmal gegeben sind und nicht verändert werden können. Die agile Transformation und die daraus resultierende Dezentralisierung werden diesen Status quo ständig infrage stellen, indem sie aktiv das Warum und Wozu von Regeln und Prozessen hinterfragen.

Wenn diese internen Verfahren und Regeln nicht an das agile Arbeiten angepasst werden können, werden die Mitarbeiter anfangen, aktiv dagegen anzukämpfen. Darum muss in einer agilen Transformation viel Aufmerksamkeit darauf verwendet werden, diese anzupassen. Wenn sie auf einem agilen Ansatz basieren und einen agilen Rhythmus und eine agile Denkweise unterstützen, dann bilden sie ein wesentliches Instrument zur Verankerung.

Warum ist die Verankerung von Compliance so wichtig in einer agilen Transformation?

Organisationen können am beweglichsten sein und am meisten Fahrt aufnehmen, wenn viele Entscheidungen dezentral getroffen werden; dabei geht es vor allem um häufige und schnelle Entscheidungen. Dadurch entsteht mehr Eigenverantwortung bei den Teams und mehr Schnelligkeit bei der Wertschöpfung für den Kunden. Die inhaltliche Expertise, um gute Entscheidungen für den Kunden zu treffen, liegt daher auf Teamebene und nicht auf höheren Ebenen.

Dies führt manchmal zu Reibung mit der Compliance, denn woher wissen wir, dass die Ergebnisse der Teams der Gesetzgebung und allen anderen Regeln in der Organisation entsprechen? Wie kann man Qualität weiterhin nachweisen? Und wie gewährleistet man die unterschiedlichen Formen von Sicherheit, z. B. im Hinblick auf Finanzen, Gesundheit und Qualität? In den meisten Fällen geht es bei Compliance genau um diese Sicherheit: Können wir sie garantieren?

Nicht alle Regeln und Verfahren, mit denen Sie als Organisation zu tun haben, liegen im eigenen Einflussbereich. Man kann sie einfach nicht ändern. Als Organisation könnten Sie sich immer noch dafür entscheiden, sich nicht mit allen Aufsichtsbehörden oder Zertifikaten zu befassen, aber das ist oft keine realistische Option. Fast immer gibt es gesetzlich vorgeschriebene Regulierungsbehörden, mit denen Sie zu tun haben, wie z. B. der BaFin, der Deutschen Bundesbank, der Behörde für Lebens- und Arzneimittel und der Datenschutzbehörde.

Es ist jedoch möglich, Einfluss auf die Prüfung der Einhaltung der Compliance-Regeln und -verfahren zu nehmen. Es ist genau diese veränderte Sichtweise, die für die Verankerung der Agilität in Organisationen entscheidend ist: gemeinsam aktiv nach dem optimalen Gleichgewicht zwischen Dezentralisierung und Zentralisierung, zwischen schneller Wertschöpfung bei gleichzeitiger Gewährleistung von Qualität und Sicherheit zu suchen.

Es geht dabei auch um das gegenseitige Verständnis. Teams betrachten Compliance-Regeln häufig als überflüssig und hinderlich. Aber darauf sind Compliance-Experten gar nicht aus: Sie möchten lediglich die Sicherheit der Kunden und ihrer eigenen Mitarbeiter schützen, wie die folgende Fallstudie veranschaulicht.

> **FALLSTUDIE**
> **In JIRA nachweisen, dass ein Prozess eingehalten wurde**
>
> Ein Scrum-Team verwendete JIRA als Werkzeug, um die Product und Sprint Backlogs des Teams im Auge zu behalten. Alle Teammitglieder hatten Zugangs- und Verwaltungsrechte für das digitale Scrum Board.
>
> Das Board enthielt einige Product-Backlog-Einträge, die gemeinsam ein Epic darstellten, ein großes Feature eines Produkts. Bei einem der Audits fragte der Compliance-Beauftragte: »Wer entscheidet, ob ein Epic fertig ist und in Produktion gehen kann?«
>
> Das Team reagierte etwas empört: »Der Product Owner natürlich!« Der Auditor fragte: »Aber warum wurde das Epic dann zuletzt durch ein Teammitglied in die Done-Spalte geschoben?« Das Team erwiderte wiederum entrüstet: »Damit das Board wieder sauber und ordentlich aussieht.«
>
> Der Auditor stellte weitere Fragen und machte sich Sorgen um eine bestimmte Vorgehensweise: Angenommen, das Epic wäre live gegangen, aber es hätte noch Fehler beinhaltet. Wie hätte man dann herausfinden oder beweisen können, wer dafür verantwortlich war, und zukünftig verhindern können, dass derartige fehlerhafte Produkte in Produktion gelangen? Bisher wurde die Abfolge der Aktivitäten in JIRA nachverfolgt. In diesem Fall wäre das Teammitglied dafür verantwortlich gewesen, den Start des Epics zu genehmigen.
>
> Die Lösung erwies sich als einfach: Die Rechte wurden so eingestellt, dass nur der Product Owner ein Epic als »abgeschlossen« markieren konnte. Dies war keine Regel der Regel wegen, sondern eine Regel, um die Sicherheit der eigenen Mitarbeiter zu gewährleisten.

Für das Transformationsteam ist »Compliance« daher auch ein obligatorisches Verankerungsthema. Sie hat den sichtbarsten Einfluss auf die Strukturen, erfordert aber auch eine Kultur, bei der mit einem frischen Blick zusammengearbeitet wird, um gemeinsam einen qualitativ hochwertigen Kundennutzen zu erzielen.

Wie verankert man Agilität in den Compliance-Prozessen?

Es scheint schwer vereinbar zu sein: zentrale Kontrolle versus dezentrale eigene Verantwortung; klar definierte Regeln und Gesetze versus Eigeninitiative und Beweglichkeit. Aber wenn man sich die Absicht hinter den Prinzipien der Compliance genau ansieht, muss dies nicht widersprüchlich sein.

Machen Sie Qualität zur Teamsache

Eines der häufigsten Missverständnisse in Bezug auf agile Teams ist: Wenn man agil arbeitet, braucht man keine Zeit mehr in Berichterstattung und Dokumentation zu stecken. Teams beziehen sich hier gerne auf das Agile Manifest, das besagt, dass funktionierende Software wichtiger als eine allumfassende Dokumentation ist. Dies wird dann oft als Ausrede benutzt, nicht diszipliniert zu arbeiten. Aber das Gegenteil ist der Fall: Je selbstorganisierter und autonomer ein Team arbeiten möchte, desto disziplinierter muss das Team sein. Die Erfassung von z. B. Erkenntnissen und Risiken oder das Schreiben von Dokumentationen gehört einfach dazu. Die Teams haben dabei sehr wohl eine Verantwortung, auch für die Einhaltung von Regeln.

Sorgen Sie für die Zusammenarbeit mit Compliance und nehmen Sie Vereinbarungen in die »Definition of Done« auf

Als Transformationsteam wollen Sie zunächst einmal Teams und Compliance zur Zusammenarbeit ermutigen. Vermeiden Sie, dass Compliance an den Rand gedrängt wird, sondern binden Sie die richtigen Personen frühzeitig bei der Transformation und den Teams ein. Vereinbarungen können in die sogenannte »Definition of Done«[13] übernommen werden. Diese besteht in der Regel aus mehreren Ebenen: eine für alle Teams geltende Grundlage, Vereinbarungen der zusammenarbeitenden Teams und Vereinbarungen eines einzelnen Teams.

Die Grundidee dieser Zusammenarbeit könnte man auch als »Compliance by Design« bezeichnen. Indem im Voraus sichergestellt wird, dass das, was gemacht wird, den Regeln entspricht, werden Qualität und Geschwindigkeit garantiert. Durch das »Einbauen« von Compliance in Ihre Arbeitsweise gibt es keine Wartezeit zu einem späteren Zeitpunkt im Prozess, um zu überprüfen, ob alle Regeln

---

13. Anm. d. Übers.: Die Definition of Done ist eine Checkliste mit Qualitätskriterien, die festlegt, welche Aufgaben erfüllt sein müssen, damit ein Feature als erledigt deklariert wird (nach *https://t2informatik.de/wissen-kompakt/definition-of-done/*).

eingehalten werden. Es ähnelt daher dem automatischen Testen (siehe auch Kapitel 20 über Technologie).

Zusätzlich ist es hilfreich, wenn das Team so viel wie möglich automatisiert, was die Dokumentation, die Überwachung und die Kontrolle der Prozesse und Verfahren betrifft. Auf diese Weise sind die wichtigsten Informationen, um Entscheidungen zu treffen und Risiken abzuwägen, für alle stets verfügbar.

Man könnte sagen, dass sich dadurch die Rolle der Compliance-Experten ändert. Ihre Arbeitsweise ähnelt dann mehr der eines Coaches, und es wird vor allem darum gehen, zum richtigen Zeitpunkt die richtigen Werkzeuge bereitzustellen und Rahmenbedingung vorzugeben, um sicherzustellen, dass die Arbeit gemäß den Regeln ausgeführt wird, ohne dass Geschwindigkeit und Beweglichkeit beeinträchtigt werden.

FALLSTUDIE
Agile Arbeitsweise wird ISO-zertifiziert

Eine mittelgroße, agile Beratungsfirma bemühte sich darum, ein Qualitätssiegel auf herkömmlichem Wege zu erhalten. Das Unternehmen wollte aber auch zeigen, dass es sich Qualität auf die Fahne geschrieben hatte und seit geraumer Zeit ISO-zertifiziert war. In einer Firma, die in einem zweiwöchigen Rhythmus arbeitete und keine umfangreiche und aufwendige Verfahrensordnung besaß, war dies nicht gerade einfach. Das Unternehmen garantierte seinen Kunden seine Qualität durch die Regelmäßigkeit der Planung, Evaluation und Anpassung, aber dies passte nicht zu der bis dahin bekannten Form der Berichterstattung, z. B. gegenüber der ISO.

Um Qualität nachzuweisen, führten alle Berater dieser Firma alle zwei Wochen eine Selbstbewertung durch. Darüber hinaus holte sich jeder Berater alle zwei Wochen Feedback ein in Form einer Note über die wahrgenommene Qualität des Beraters und/oder des Auftrags. Die Selbsteinschätzung und die Benotung waren kurze Aktionen, die hauptsächlich im Gespräch erfolgten anstatt durch Ausfüllen umfangreicher Formulare. Sie skizzierten jedoch ein deutliches Bild der Qualität der erbrachten Leistungen.

→

> Was fällt in dieser Fallstudie auf? Die Freiheit, wie festgelegte Anforderungen und Prinzipien auszufüllen oder nachzuweisen sind: Es wird oft angenommen, dass die Prozesse von einer bestimmten Instanz auferlegt werden, aber in der Praxis ist dies selten der Fall. Die Instanz möchte nur eine Reihe von Anforderungen und Grundsätzen sicherstellen: Häufig kann man den Prozess zur Erreichung dieses Ziels vollkommen eigenständig gestalten.

Los geht's

Da Compliance weit von Agilität entfernt zu sein scheint, ist es sinnvoll, Agilität zügig in diesen Prozessen zu verankern. Sie können sofort mit dem Folgenden beginnen:

- Unterstützten Sie Compliance-Mitarbeiter dabei, aus ihrer Komfortzone herauszukommen, indem diese in einer coachenden Rolle Wissen und Expertise in die Teams einbringen.
- Stellen Sie sicher, dass bei neuen Initiativen der Einfluss von Regeln schon früh im Prozess deutlich wird.
- Fördern Sie die Teamverantwortung für Qualität.
- Verwenden Sie die Definition of Done, um Vereinbarungen aus dieser engeren Zusammenarbeit festzulegen, damit die Einhaltung der Regeln gewährleistet wird.

20 Verankerungsthema 7: Technologie

Einleitung

Bisher lag der Schwerpunkt dieses Buches vor allem darauf, wie man sich verändert und welche Veränderungen in der Organisation stattfinden. Es ging vor allem darum, was dies für die Menschen bedeutet und was es ihnen abverlangt. Dies könnte den Eindruck erweckt haben, dass IT und Technologie weniger wichtig sind. Das Gegenteil ist der Fall. Gerade die Technologie ist für viele Organisationen der Grund, mit einer Transformation zu beginnen. Die Digitalisierung der Kundenprozesse ist bei vielen Organisationen ein Grundpfeiler der Strategie, oft getrieben von dem Wunsch, mit weniger Eingriff durch Mitarbeiter zu liefern und dadurch Kosten zu sparen und Schnelligkeit zu gewinnen. Technologie spielt daher oft eine entscheidende Rolle bei der Transformation.

Warum ist Technologie in einer agilen Transformation wichtig?

Wie bereits in Teil A erwähnt, findet durch den verstärkten Einsatz von Technologie eine grundlegende Beschleunigung in der Gesellschaft statt. Daraus ergibt sich für jede Organisation die Dringlichkeit, sich schneller zu verändern. Technologie bietet viele Möglichkeiten, dies auch in Ihrer eigenen Organisation zu erreichen. Ohne Technologie, ohne Digitalisierung, ohne Software ist es schwierig, wirklich schneller und beweglicher zu werden. Immer mehr Organisationen, die auf den ersten Blick wenig mit Digitalisierung zu tun haben, experimentieren damit, wie Technologie andere Formen der Dienstleistung oder andere Angebote ermöglichen kann. Es wird erwartet, dass selbst Branchen, die derzeit nichts oder wenig mit Technologie zu tun haben, in absehbarer Zeit mit Digitalisierung in Berührung kommen werden.

Digitalisierung und Technologie haben mit einer schnellen Lieferung zu tun, wodurch Kunden schneller ein Produkt oder eine Dienstleistung erhalten können. Aber es geht noch weiter. Mit dem richtigen Einsatz von Technologie sind mehr Experimente und eine schnelle Validierung möglich. Dabei geht es um Feedback vom Kunden, aber auch innerhalb eines Teams. Automatisierte Tests führen dazu, dass die Teams direkt erkennen, ob eine Anpassung an anderer Stelle einen Fehler verursacht. Dies hat einen positiven Einfluss auf ihre Autonomie und Selbststeuerung.

Gerade diese Geschwindigkeitssteigerung bei den verschiedenen Arten des Feedbacks macht Organisationen beweglicher. Das Feedback gibt Aufschluss darüber, ob Ihre Idee die richtige war. Je schneller die Rückkopplung erfolgt, desto einfacher ist es, die Umsetzung oder sogar die Idee anzupassen. Wenn Sie dies auf allen Ebenen der Organisation tun, entsteht eine Situation, in der Sie die Komplexität der immer schneller werdenden Welt in den Griff bekommen.

Wie stellen Sie sicher, dass Technologie die Geschwindigkeit und Flexibilität Ihrer Organisation erhöht?

Wenn wir davon ausgehen, dass Technologie ein integraler Bestandteil dessen ist, wie wir Produkte und Dienstleistungen liefern, dann hat dies viele Konsequenzen. Eine dieser Folgen ist, dass die IT kein Lieferant von (Produktions-) Mitteln ist. IT ist Bestandteil einer operativen Wertschöpfungskette geworden.

Die Neupositionierung der Technologie in der Organisation ist ein Thema für das Transformationsteam.

Dies zeigt sich in der Praxis dadurch, dass Business und IT gemeinsam in einer Abteilung oder Einheit zusammenkommen. Dieser Ansatz, also das Überbrücken der Kluft zwischen Business, Entwicklung und Betrieb, wird manchmal als BizDevOps bezeichnet. Die IT wird nicht mehr als zentraler Technologielieferant betrachtet, sondern eher als Partner oder besser noch als Kollege. Die Verantwortung wird geteilt, anstatt die IT als »Fabrik« zu sehen, die nur »liefern« muss. Sobald diese Verschmelzung stattfindet, werden auch die Abhängigkeiten geringer und es entsteht eine Autonomie der gesamten Wertschöpfungskette.

Die Neupositionierung der Technologie in der Organisation ist ein Thema für das Transformationsteam. Der technologische Wandel vollzieht sich jedoch in rasantem Tempo. Es ist daher vorzuziehen, Spezialisten auf dem Gebiet der Agilität und Technologie – z. B. DevOps-Ingenieure und -Architekten – an der Erzielung von Ergebnissen auf dem Gebiet der agilen Technologie zu beteiligen. Sie könnten als Transformationsteam vielleicht ein Verbesserungsteam gründen, um die technologischen Engpässe zu beseitigen.

Des Weiteren ist es die Aufgabe des Transformationsteams, den derzeitigen technischen Stand zu untersuchen bzw. untersuchen zu lassen. Der Status der nachfolgend genannten Dinge wird zumindest Teil vieler Transformationen und der Untersuchung sein, da sie alle dazu beitragen, die Geschwindigkeit und Beweglichkeit der gesamten Organisation zu erhöhen.

Fördern Sie kontinuierliche Integration und Auslieferung

Eine praktische Anwendung der Technologie ist die Automatisierung der Lieferpipeline, d. h. die Anwendung von CI/CD (Continuous Integration/Continuous Deployment). Diese Arbeitsweise ermöglicht es, selbst kleinste Produktänderungen (z. B. eine Zeile Code) zu testen und – wenn keine Fehler gefunden werden – in das bestehende Produkt zu integrieren und an den Kunden auszuliefern. Dieser gesamte Prozess kann vollautomatisch eingerichtet werden und spart enorm viel Zeit.

Mit einem Knopfdruck werden sowohl die Qualität als auch das erneuerte Produkt geprüft und den Kunden zur Verfügung gestellt. Somit kann sofort getestet werden, ob die durchgeführten Änderungen die gewünschten Ergebnisse für den Kunden erzielen.

Die Einrichtung von CI/CD kann als eine immense, wenn nicht gar unmögliche Aufgabe erlebt werden, insbesondere in Umgebungen, in denen noch immer viel von Hand gemacht und viele Dinge gleichzeitig am Laufen gehalten werden. Obwohl die Investition in die ordnungsgemäße Einrichtung von CI/CD kostspielig sein kann, ist dies der Weg zu einer schnelleren Produktauslieferung und einer größeren Beweglichkeit der Organisation. Abhängig von der Frage, wie lange Ihr Produkt noch lieferbar ist, müssen Sie also abwägen, ob sich die Investition lohnt.

Garantieren Sie Qualität durch automatisiertes Testen

Um schnell und häufig Anpassungen in der Produktion vornehmen zu können, ist an allen Punkten der Pipeline ein hohes Maß an Automatisierung erforderlich. Das bedeutet, dass Sie sich wirklich auf die gelieferte Qualität verlassen können. Sonst drücken Sie den Release-Knopf nicht mit Zuversicht. Aus diesem Grund ist ein hohes Maß an automatisierten Tests erforderlich, und die »Definition of Done«, mit denen die Teams arbeiten, ist von großem Einfluss.

Automatisiertes Testen wird hauptsächlich mit Softwareprodukten assoziiert, aber auch andere technische Prozesse, von Fließbändern bis zur Bereitstellung von (virtuellen oder physischen) Entwicklungsumgebungen, können so eingerichtet werden, dass sie automatisiert die Qualität und Anwendbarkeit des Produkts testen.

Wenn Teams und Einzelpersonen automatisch über die Qualität eines Produkts informiert werden können, erhöht sich die Autonomie eines Teams. Der Übergang zur Produktion oder zum Release ist viel schneller, wenn alle Informationen immer verfügbar sind.

Fördern Sie eine flexible Architektur

Die Fähigkeit, schnell auf Kundenanforderungen reagieren zu können, hat auch Konsequenzen für die IT-Architektur. Die Architektur muss die Fähigkeit unterstützen, schnell Wert zu schaffen, und sie muss anpassungsfähig sein, wenn der Kontext dies verlangt. In praktischer Hinsicht muss eine Architektur daher einfach sein; Komponenten müssen leicht hinzugefügt oder entfernt werden können. In der Praxis stellt die Entfernung von Legacy-Systemen – Systemen mit veraltetem Code oder einer nicht mehr gebräuchlichen Struktur – eine große Herausforderung dar.

Architektur muss unterstützend sein,
um schnell Wert zu schaffen,
und sie muss anpassungsfähig sein,
wenn dies der Kontext verlangt.

Eines der Prinzipien des Agilen Manifests besagt, dass die besten Architekturen von selbstorganisierten Teams stammen. Das bedeutet nicht, dass es keine Architektur mehr gibt. Vor allem in skalierten Umgebungen, in denen manchmal Hunderte von Teams Produkte entwickeln und instand halten, ist eine gute Architektur Grundvoraussetzung. Die Veränderung besteht darin, dass den selbstorganisierten Teams keine Zielarchitektur als Blaupause auferlegt wird. Die Architektur ist flexibel und wächst mit der Lösung. Man arbeitet mit einem Rahmenwerk und klaren Prinzipien. Dem Architekten wird eine andere Rolle zugewiesen. Teams benötigen nicht nur Wissen in Bezug auf das Business, sondern auch ausreichende Architekturkenntnisse, damit sie auch tatsächlich zur richtigen Architektur beitragen können.

Momentan entscheiden sich viele Organisationen immer noch für eine zentrale Lösung oder eine Architektur für bestimmte Prozesse. Dadurch ist es den Wertschöpfungsketten kaum mehr möglich, eine Lösung zu finden, die für das spezielle Produkt benötigt wird. Eine ebenso robuste wie flexible Architektur unterstützt die Autonomie und Beweglichkeit der Wertschöpfungskette.

Stimulieren Sie datengetriebenes Arbeiten

Die Bedeutung des Feedbacks wurde bereits mehrere Male hervorgehoben. Die nachfolgende Anwendung der Technologie geht mit dem Einholen von Feedback noch einen Schritt weiter. Von Websites kennt man es bereits, dass diese eine Menge an Informationen von ihren Besuchern verfolgen: das Kundenprofil, wie sie sich verhalten und wie sie sich auf der Website bewegen. Basierend auf diesen Daten können dann wieder Entscheidungen getroffen werden, um den Kunden noch besser bedienen zu können. Eine häufig verwendete Methode ist der sogenannte A/B-Test. Einem Teil der Zielgruppe wird Version A der Website angezeigt. Der andere Teil bekommt Version B der Website zu sehen. Dementsprechend kann man durch die Nutzung messen, welche der beiden die bessere Lösung ist. Ein weiteres Beispiel ist die Messung der Nutzung bestimmter Funktionen. Funktionalitäten, die kaum verwendet werden, erhalten vermutlich weniger Aufmerksamkeit und müssen eventuell sogar entfernt oder ersetzt werden. Die Technologie sorgt dafür, dass die Datenerhebung und -analyse einfacher und umfassender wird, wodurch stets schnellere und bessere Entscheidungen getroffen werden können.

FALLSTUDIE

Aufteilen eines großen Monolithen in separat lieferbare Teile

Ein großer E-Commerce-Anbieter in den Niederlanden hatte bereits seit Jahren eine Website, die ein einziger großer Moloch war. Das bedeutete, dass einzelne, kleine Änderungen nicht separat voneinander geliefert werden konnten. Diese Website ging ungefähr zehnmal pro Jahr mit neuen Funktionen live. Dies erforderte ein Releasemanagement, das Abhängigkeiten koordinierte und das Testen und Releasen der Website streng reglementierte. Das letzte Release des Jahres mit neuen Funktionen hatte im Oktober stattgefunden, da die Vorweihnachtszeit so essenziell für die Verkaufszahlen war, dass im Rahmen des Release im November nur Bugfixes erlaubt waren. Diese monolithische Website war das größte Hindernis für das Wachstum des Unternehmens. Es mussten also Maßnahmen ergriffen werden.

Die gesamte Website wurde in einzelne Teile zerlegt, die getrennt voneinander herausgebracht werden konnten und über Services miteinander kommunizierten. Im Laufe der Zeit war die Zahl der Services zwischen den Komponenten der Website auf mehr als 250 angewachsen, die alle getrennt voneinander releast werden konnten.

Diese Komponenten funktionierten auch separat voneinander. Wenn z.B. die Suchfunktion ausfiel, funktionierte der Rest der Website weiterhin und Kunden, die mitten im Bezahlprozess waren, konnten diesen noch abwickeln. Oder wenn eine personalisierte Werbung ausfiel, erschien noch stets ein allgemeines Angebot.

Die Anzahl der Releases stieg durch diese Aufteilung enorm an: von zehn auf einige Hundert pro Jahr. Wo zuvor noch die monolithische Website am Ende des Jahres zum Stillstehen eingefroren wurde, konnten die Teams nun durch die Aufteilung in Komponenten und Services selbst am Black Friday mehrere Releases vornehmen. Denn warum sollten Sie am besten Tag des Jahres nicht wertvolle Features nutzen wollen? Neben der Release-Geschwindigkeit wurden auch enorme Verbesserungen in Bezug auf (ungeplante) Ausfallzeiten, die Anzahl kritischer Vorfälle auf der Website und die erforderliche Wiederherstellungszeit realisiert.

→

Verankerungsthema 7: Technologie

> Rückblickend bedauerte diese Organisation die Tatsache, dass sie sich mit der Aufteilung dieses Monolithen so viel Zeit gelassen hatte. Ursprünglich war die Firma um den Monolithen herum mit streng kontrollierten Prozessen ausgestattet, um alles in geregelten Bahnen verlaufen zu lassen. Anfangs funktionierte das, aber nach einiger Zeit musste der Monolith doch zerlegt werden. Als diese Entscheidung getroffen wurde, herrschte vor allem Bedauern: Hätte die Organisation dies doch früher durchgeführt, dann hätten sie es jetzt schon hinter sich. Das strikte Management eines Prozesses um einen technologischen Engpass herum ist eine vorübergehende Lösung, die sich nur selten als nachhaltig erweist.

Los geht's

Um Technologie als Beschleunigungsmittel einzusetzen und die Beweglichkeit der Firma zu erhöhen, können Sie die folgenden konkreten Schritte in Ihrer Transformation unternehmen:

- Führen Sie wie in Schritt 2 (Seite 49) eine Untersuchung zum Stand der Technik durch.
- Nehmen Sie die Ergebnisse in die Transformations-Roadmap auf.
- Bestimmen Sie, in welche Produkte Sie investieren wollen, um technologische Beschleunigung und Beweglichkeit voranzubringen. Tun Sie dies auf der Grundlage der Engpässe in der aktuellen Lieferkette.
- Machen Sie die gewünschte Veränderung in der Rolle des Architekten deutlich; präskriptiv in Bezug auf Richtung und Rahmen.
- Messen ist Wissen; integrieren Sie die Datenerfassung in die IT-Produkte, damit die Validierung noch einfacher wird.

ANHANG

Nachwort und Dank

Wie bei jedem Reiseführer können Sie sich auch dafür entscheiden, dieses Buch nicht mit auf Ihre Reise zu nehmen. Schließlich gibt es nichts Schöneres, als selbst auf Entdeckungsreise zu gehen. Dennoch möchten wir in diesem letzten Kapitel ein paar häufig auftretende Fehler und Fallstricke aufzeigen. Mit anderen Worten: Dinge, die Sie getrost überspringen können. Betrachten Sie es als »Erste Hilfe, wenn etwas schiefgeht«. Denn eines ist sicher: Ob mit oder ohne Reiseführer, Ihre Transformationsreise wird nie ganz glatt verlaufen. Das können wir Ihnen garantieren! Und zum Glück: Wie langweilig wäre das sonst?

Denn eines ist sicher: Ob mit oder ohne Reiseführer, Ihre Transformationsreise wird nie ganz glatt verlaufen. Das können wir Ihnen garantieren!

Halten Sie durch, denn wenn Sie stillstehen, verändert sich nichts

Die Transformationsreise wird sich verzögern. Oder das Tempo der Veränderung ist langsamer, als Sie, das Transformationsteam oder die Führungskräfte es sich wünschen. Oft sehen wir, dass genau dann Rückfälle in die alte Arbeitsweise geschehen. Unter dem Deckmantel: Sehen Sie jetzt? Ganz gleich, wie sehr man an Agilität glaubt, das erste Argument im Falle einer Verzögerung lautet: Das funktioniert bei uns nicht.

Die Kunst ist es, hier durchzuhalten. Auch wenn es keine Veränderung (mehr) zu geben scheint und der Widerstand am größten wird. Und vor allem, wenn Sie immer häufiger hören: Aber früher lief es auch gut. Es bedeutet, dass Sie sich fast auf dem sprichwörtlichen Gipfel des Berges befinden. Wenn Sie es nun schaffen, durchzuhalten, dann werden Sie wirklich den Gipfel erreichen und danach wird es nur noch einfacher. Durchhalten, gerade wenn es schwierig wird, ist vielleicht der beste Rat, den wir Ihnen geben können.

Stehen Sie einmal mehr auf, als Sie hinfallen

Während der Transformationsreise passiert immer irgendetwas. Ein Feature, das zu schnell freigegeben wurde, scheint eine Fehlfunktion im System zu verursachen. Die Projektstunden überschreiten Ihre Erwartungen – seien wir ehrlich, vor allem am Anfang der Reise wird auf die Kosten geschaut. Und dieses unglaublich gut durchdachte Transformationsereignis entpuppt sich als ein regelrechter Flop. Stehen Sie auf, heulen Sie sich aus und fangen Sie neu an. Vorzugsweise ein wenig besser als beim letzten Mal. Sie haben dadurch immerhin etwas Neues gelernt. Für den Erfolg der Transformation müssen Sie nur einmal mehr aufstehen, als Sie hingefallen sind. Alle Klischees über das Erreichen Ihrer Ziele sind wahr: aufstehen, durchhalten und …

(Muskel-)Schmerzen gehören dazu, denn diese bedeuten Fortschritt

Dies gilt übrigens nicht nur nach einem schmerzhaften Sturz, sondern auch während einer erfolgreichen Reise. Allzu oft sehen wir, wie Pflaster aufgeklebt werden, um die Schmerzen der Transformation zu lindern. Das Ergebnis? Suboptimale Veränderungen oder schlimmer noch: übel riechende Wunden.

Es schmerzt, ein unreifes, cross-funktionales Team in einer neuen, kundenorientierten Organisation einzurichten. Wir liefern nicht, wir verstehen den Kunden nicht und es stellt sich schnell heraus, dass es an wesentlichem Wissen im Team mangelt. Die Lösung (das Pflaster), die meistens verwendet wurde – und funktionierte –, bestand darin, ein Team von Spezialisten einzusetzen. Oder noch angesagter: eine Taskforce. Sollte dieses Pflaster auch bei Ihrer Transformation verwendet werden, dann nehmen Sie der Organisation die Chance, schnell zu lernen und die Vorteile der Agilität zu nutzen: Den Schmerz freizulegen und zu fühlen, ist der Anreiz zur Veränderung. Das stets schnellere Erwerben von Fähigkeiten, sodass beispielsweise ein Team mit mehr T-förmigen Profilen entsteht. Oder die Notwendigkeit, viel und oft mit Kunden zu sprechen.

Alles in allem ist Schmerz Teil der Veränderung. Seien Sie nicht zu schnell, wenn es darum geht, Lösungen zu finden, um den Schmerz zu lindern. Es geht wirklich vorbei, aber der Schmerz soll dort gelöst werden, wo er empfunden wird.

Lassen Sie sich nicht von anderen aufhalten

Es gibt bei Organisationen immer noch einige Vorbehalte über Agilität. Das geht von »es funktioniert nicht, weil wir keine IT-Organisation sind« bis »unsere Leute können oder wollen sich nicht ändern«. Keiner der Gründe, die uns einfallen, sollte Sie davon abhalten, Organisationen beweglicher zu machen. Keine IT-Organisation? Bei Agilität geht es darum, den Kunden in den Mittelpunkt zu stellen, schnell und iterativ Wert zu liefern, indem man stetig lernt. Davon profitiert jede Organisation.

Sind Sie wirklich davon überzeugt, dass die Menschen von heute sich nicht ändern können oder wollen? Dann werden Sie eine Lösung für dieses Problem finden müssen. Ein Aspekt ist es, Mitarbeiter zu gewinnen, die sich verändern können, und sich von Menschen zu verabschieden, die das nicht können – und wahrscheinlich damit auch nicht glücklich werden.

> *Transformieren erfordert Durchhaltevermögen und Ausdauer. Trainieren Sie sich und Ihr Transformationsteam, sich von Rückschlägen nicht entmutigen zu lassen.*

Es ist jedoch keinen Grund, als Firma nicht agil sein zu wollen, wenn man (noch) nicht die richtigen Mitarbeiter hat.

Selbstverständlich muss man viele Hürden nehmen, die die Veränderungen zu mehr Beweglichkeit extrem schwierig machen: Zusammenarbeit mit dem Betriebsrat, Herausforderungen auf dem Gebiet von Compliance, den Betrieb am Laufen halten während des Umbaus und so weiter. Transformieren erfordert Durchhaltevermögen und Ausdauer. Trainieren Sie sich und Ihr Transformationsteam, sich von Rückschlägen nicht entmutigen zu lassen, und reden Sie miteinander, sobald Vorbehalte auftreten.

Halten Sie den Rhythmus diszipliniert durch, denn er bildet die Grundlage

Um das oben Angeführte in die Praxis umzusetzen, können wir es nicht oft genug wiederholen: Arbeiten Sie iterativ. Veränderung ist eine komplexe Aufgabe, bei der es um kontinuierliches Lernen, Experimentieren und Anpassen geht.

Selbst wenn eine Big-Bang-Transformation oder ein Strukturwandel durchgeführt wird und somit auf einmal eine große Veränderung stattfindet, können wir Ihnen versichern, dass es noch viel zu lernen und anzupassen gibt. Es ist einfach nicht auf einmal perfekt. Glücklicherweise muss es das auch nicht sein. Gerade durch einen straffen Rhythmus von Planen, Implementieren und Evaluieren verringern Sie das Risiko von »Fehlern« und lernen viel schneller, es richtig zu machen.

Danken Sie allen, die Sie dabei unterstützen, denn Sie tun es nicht allein

Und das gilt nicht nur für eine Transformation, sondern auch für dieses Buch. Denn ein Buch schreibt man niemals allein. Wir möchten darum den folgenden Personen danken:

▸ Elke Vergoossen von Boom Publishers Amsterdam für ihre Initiative, dieses Buch gemeinsam mit uns herausgeben zu wollen.

▸ Denny de Waard, Derk Zegers und Vikram Kapoor für ihre operative Unterstützung im Schreibprozess, und insbesondere Vikram für sein unermüdliches Engagement, eine Herangehensweise für agile Transformationen zustande zu bringen.

▸ Allen Menschen in unseren Kundenorganisationen, mit denen wir in den letzten Jahren zusammenarbeiten und Pionierarbeit leisten durften. Alle Schritte, die wir gemeinsam unternommen haben, sind Lektionen für dieses Buch gewesen. Manchmal, weil diese Schritte funktionierten, manchmal, weil sie nicht funktionierten.

▸ Allen Kolleginnen und Kollegen bei Prowareness und von anderen Beratungshäusern, mit denen wir gemeinsam herausgefunden haben, wie man Struktur und Vorhersehbarkeit in das dynamische und unvorhersehbare Chaos bringen kann, das eine agile Transformation darstellt.

▸ Den Reviewern dieses Manuskripts: Henk Jan Huizer (ehemaliger Kollege und nun Berater bei PA Consulting) und Martin van Langen (Operational Lead bei Prowareness WeOn) für ihr messerscharfes und teilweise konfrontierendes Feedback während des Reviews. Ihr wart der Spiegel, mit dem wir dieses Manuskript schärfen konnten.

- Wieke Oosthoek, Elke Vergoossen und allen weiteren Mitarbeitern von Boom Publishers Amsterdam, die auf die eine oder andere Weise bei der Realisierung dieses Buches beteiligt sind (oder waren).
- Schließlich unseren Familien. Ein Buch zu schreiben erfordert Zeit, Aufmerksamkeit und Konzentration. Vielen Dank, dass wir regelmäßig physisch und mental abwesend sein durften. Ohne diese Unterstützung von zu Hause wäre dieses Buch nicht möglich gewesen.

Abschließend noch ein kurzes letztes Wort an Sie, unsere Leserinnen und Leser. Es ist schön, dass Sie auch diesen Teil des Buches lesen. Wir wollen Ihnen die wichtigste Botschaft auch in diesem Nachwort nicht vorenthalten. Die Botschaft lautet, dass Transformationen zu einer schnellen, beweglichen Organisation äußerst komplex sind und somit immer eine iterative, agile Herangehensweise erfordern. Komplexität lässt sich nicht in detaillierten Plänen erfassen, aber sie kann durch einen kurzzyklischen Prozess aus Entdecken durch Handeln beherrscht werden. Führen Sie daher in jeder Transformation kleine Schritte mit unmittelbaren Ergebnissen durch, damit Sie sich auf das, was tatsächlich geschieht, einstellen können.

Wir wünschen Ihnen dabei viel Erfolg. Halten Sie sich das Ziel vor Augen, aber vergessen Sie dabei nicht, die Reise selbst zu genießen. Schauen Sie sich gut um, haben Sie Spaß, machen Sie viele Fotos und erzählen Sie jedem ausführlich davon. Erzählen Sie die Geschichte dieser Reise weiter. Nicht nur, um andere mitzunehmen, sondern auch, um selbst wachsam zu bleiben. Warum dieser Schritt? Warum jetzt? Was nehme ich wahr? Oder bin ich gerade heimlich weggedöst? Ihre Geschichte zu erzählen, hält Sie auf Trab und macht auch noch Spaß. Gemeinsam schaffen Sie Erinnerungen, die noch lange in Ihrer Organisation nachwirken werden.

Viel Erfolg bei Ihrer eigenen, einzigartigen und inspirierenden Reise zu einer beweglichen und schneller werdenden Organisation!

Bas van Lieshout
Hendrik-Jan van der Waal
Astrid Karsten
Rini van Solingen

V. l. n. r.: Bas van Lieshout, Rini van Solingen, Hendrik-Jan van der Waal, Astrid Karsten

Über die Autor*innen

Bas van Lieshout

Bas van Lieshout ist Agile Transformation Lead bei Prowareness WeOn. Er (beg)leitet agile Transformationen, wie sie in diesem Buch beschrieben werden. Natürlich tut er dies nicht allein, sondern zusammen mit einem Team von Kollegen. Bas wechselt ständig zwischen dem Coaching von Teams und Einzelpersonen und dem Management des Fortschritts der gesamten Transformation. Die Verwirklichung realer und dauerhafter Verbesserungen ist seine persönliche Hauptmotivation.

Bas studierte Physik an der Radboud Universität Nijmegen. Er ist Professional Scrum Trainer bei Scrum.org und hat bereits mehr als einhundert Schulungen und Workshops durchgeführt. Sie können Bas unter *b.vanlieshout@prowareness.nl* für Fragen oder Diskussion erreichen. Sie bereiten ihm die größte Freude, wenn Sie ihn bitten, eine herausfordernde agile Transformation zu (beg)leiten, oder wenn Sie an einem Training zur agilen Transformation teilnehmen[1].

Hendrik-Jan van der Waal

Hendrik-Jan van der Waal ist Agile Transformation Lead bei Prowareness WeOn. Er leitet agile Transformationen, unterstützt Managementteams und ist Berater für das SAFe®-Framework. Hendrik-Jan studierte Informatik an der Technischen Universität Delft und ist stets auf der Suche nach Lösungen, die Ergebnisse liefern. Das ist gut für den Kunden und für die Menschen, die Ergebnisse erzielen.

Hendrik-Jan gibt verschiedene SAFe®-Schulungen, inspirierende Workshops, hält Vorträge und führt Agile-Expert-Programme durch. Sie haben Fragen zu Transformationen oder möchten einfach nur mal einen Austausch über die Probleme in Ihrer Organisation? Sie können Hendrik-Jan unter *h.vanderwaal@prowareness.nl* erreichen oder am Training zur agilen Transformation teilnehmen[2].

---

1. Siehe *http://www.prowareness.nl/agile-transformeren*.
2. Siehe *http://www.prowareness.nl/agile-transformeren*.

Astrid Karsten

Astrid Karsten ist Product Lead HR|People & Culture und Agile Transformation Consultant bei Prowareness WeOn. Ihr Schwerpunkt liegt auf der Förderung von leidenschaftlichem Mitarbeiterengagement, um Organisationen zum Erfolg zu verhelfen. Ihre Triebfeder ist vor allem, das Wachstum von Menschen anzuregen, am liebsten mithilfe des Erzählens von Geschichten jeglicher Art.

Astrid gibt unter anderem Schulungen im Bereich der persönlichen Führung und des Coachings und ist auch als Beraterin und Performance Coach tätig. Sie können Astrid unter *a.karsten@prowareness.nl* für Fragen oder Diskussionen erreichen, aber sie zieht es vor, selbst vorbeizukommen und inspirierende Workshops und Vorträge über leidenschaftliche (Zusammen-)Arbeit zu halten.

Rini van Solingen

Rini van Solingen ist CTO bei Prowareness WeOn, wo er Kunden hilft, ihre Organisation schnell und beweglich zu machen. Er ist außerdem Teilzeitprofessor an der Technischen Universität Delft und hält regelmäßig Vorlesungen an der Universität Nyenrode. Rini studierte technische Informatik an der TU Delft und promovierte in Betriebswirtschaft an der TU Eindhoven.

Rini ist hauptsächlich als Redner und Autor tätig. Seine Expertise ist die Schnelligkeit und Flexibilität von Menschen und Organisationen. Jedes Jahr hält er etwa 150 Vorträge darüber auf Seminaren für Wissensarbeiter, Konferenzen und Firmenveranstaltungen. Seine bekanntesten (Management-)Bücher sind: Die Kraft von Scrum (2014, mit Eelco Rustenburg (Original 2010)), Der Bienenhirte (2017 (Original 2016)) und Formel X (2020, mit Jurriaan Kamer (Original 2019)), AGILE (2020 (Original 2019)) und Scrum vor managers (2012) und Agil werken in 60 Minuten (2018, beide mit Rob van Lanen).

Zögern Sie nicht, ihn für eine Frage oder Diskussion zu kontaktieren: *r.vansolingen@prowareness.nl*. Oder sehen Sie sich auf seiner Website um: *www.rinivansolingen.nl*. Die größte Freude bereiten Sie Rini, wenn Sie ihn bitten, in Ihrer Organisation einen Vortrag zu halten.

Über die Übersetzerinnen

Claudia Reitenbach

Claudia Reitenbach ist Beraterin und Trainerin für Agilität bei it-agile GmbH in Hamburg. Nach Abschluss ihres Wirtschaftsstudiums mit Schwerpunkt Kommunikation und Organisationspsychologie arbeitete sie im In- und Ausland eines multinationalen Konzerns und hat dabei mehrere Change-Projekte begleitet. Sie kennt den Spagat zwischen der agilen und klassischen Welt aus eigener Erfahrung und unterstützt heute Unternehmen dabei, den Übergang zu einer lernenden, beweglichen Organisation zu gestalten.

Miriam Bethien

Miriam Bethien ist User-Experience-Beraterin und arbeitet seit über zehn Jahren in der agilen, nutzerzentrierten Entwicklung. Nach ihrem Studium an der Technischen Universität Delft (Niederlande) hat sie in den unterschiedlichsten Ländern an Open-Innovation-Projekten mitgewirkt. Miriam hat diverse Artikel über Design Thinking, Sustainable Innovation und Lean UX veröffentlicht und gibt ihr Wissen dazu in Trainings und Vorträgen weiter.

Index

A

Abhängigkeiten 31
A/B-Test 213
Agile Budgetplanung 198
Agile Coach 35, 139, 145
Agile Denkweise 22, 150
Agile Führung 159
Agile Kultur 132, 160
Agiler Transformationsansatz 23
Agile Sichtweise 134
Agiles Manifest 12, 24, 206, 213
Agiles Mindset 33
Agiles Transformieren 24
Agile strategische Steuerung 174
Agile Werte 133
Agilität 1, 12, 13, 24
    Analyse des aktuellen Stands in der Organisation 50
    Beliebtheit 9
    im Finanzbereich 193
    in der Personalabteilung 145
    strategische 174
    Studie zur globalen Anwendung 133
Alignment 54, 185

Analyse
    qualitative 56
    quantitative 56
Analyseteam 55, 57
Angst 26
Anpassungen 31
    regelmäßige 109
Aufmerksamkeit 134
Automatisiertes Testen 210, 212
Autonomie 10, 16, 187, 189, 210
Autonomie der Teams 169, 186, 194
»Awesome«-Zustand 100

B

Beschleunigung 4, 9, 11, 13, 20, 209
    durch Digitalisierung 9, 209
Bestehende Kultur 86
Betriebsrat 92, 221
Beurteilungszyklus 151
Beweglichkeit 12, 23, 173
    der Wertschöpfungskette 213
    in der Organisation 174, 185, 211
    strategische 182
    technische 180
Big-Bang-Transformation 135

Big Room Planning 87, 187
BizDevOps 210
Bol.com 83
Business-Controller 195

C

Change Agent 35, 139
Chapter Lead 152
Chief Officer 18
Coach 33, 91
Compliance 203, 221
Compliance by Design 206
Compliance-Experte 207
Compliance-Regeln 204
Continuous Deployment 211
Continuous Integration 211
Cross-funktionale Teams 22, 220
Customer Journey Mapping 73, 147

D

Daily Standup 116
Datenerhebung 56
Datengetriebenes Arbeiten 213
Definition of Done 206, 212
Definition of Value 120
Delegation Poker 151
Die Botschaft kommunizieren 64
»Dienende« Führung 160, 165, 171
Digitalisierung 4, 10, 11, 16, 20, 209
Diversifizierung der Arbeitnehmer 16
Dringlichkeit
    der Veränderung 61, 86
    externe 86
Durchführung einer agilen Transformation, iterativ 111

E

Eigenverantwortung 132
Empirisches Arbeiten 19
Employee Journey 147
Entscheidungsbefugnisse 10
Entscheidungsfindung 11
    autonome 11
Erneuerung 131
Essenz von Scrum 188
Experimentieren 132, 210

F

Fähigkeit zu agiler Führung 162
Feedbackkultur 150
Finanzen 193
Finanzprozesse 200
Fokus 98, 105
Fortschritt 99, 101, 118, 190, 193
Frühindikatoren 123
Führung 159
    Paradigmenwechsel 18
Führungskraft
    Erlernen neuer Verhaltensweisen 163
    Trainingsprogramm 165
Führungspersönlichkeit 165
Führungsstruktur 161
Führungsteam
    Vorbildfunktion 151

G

Geschäftsmodell 15
Geschichten 132, 135, 138
Gesellschaftlicher Wandel 21
Gestaltungsprinzipien 70, 74
Gewohnheiten
    alte 134

Gilde 152
Governance
    Reorganisation 179

H

Holokratie 83
HR-Product-Owner 148

I

Identitätskrise, Unternehmen 15
Improvement Theme 99
Intervention 53
    auf Teamebene 151
IT-Architektur
    flexible 212
Iterationen 109

K

Kommunikation 140
Kommunikationsmittel
    Transformations-Canvas 44
    Transformations-Roadmap 97
Kommunizieren der Dringlichkeit der
    Veränderung 61
Kompass 185
Kompetenz-Manager 162
Komponententeam 80
Konkrete Maßnahmen 54, 151, 178
Konstruktionsskizze 69
Kontinuierliche Verbesserung 132, 186
Kundenbedürfnisse
    sich stark ändernde 20
Kundenerwartungen
    veränderte 13
Kundenfeedback 210
Kundenfokus 79

L

Lean Coach 35
Linienorganisation 12

M

Machtstrukturen 132, 134, 161
Management 19, 177
Managementteam 32, 76, 113
Marktvalidierung 19
Matrix der »Auswirkungen von
    Veränderungen« 42
Messen und Abstimmen 185
Messpunkt 53
Messungen 53, 186
Minimal Viable Product 37
Mitarbeiter als »Kunden« des
    Unternehmens 16
Mitarbeiterreise 147
Mitwirkung 98

N

Net Promoter Score 125
Newton'sche Gesetze 11

O

Obeya-Raum 121, 189
Objectives and Key Results (OKRs)
    121, 189, 191
Organisation
    Engpässe 80
    Hierarchieform 10
    strukturelle Veränderung 22
Organisationsberater 145
Organisationsmanifest 135
Organisationsstruktur 21, 26, 132, 133, 134
Organisationsvision 83

Organisationsweite Transformation 26
Orientierung 160
Ownership 25, 135, 166

P

Paradigmenwechsel 132
    sechs Punkte 132
Personalentwicklung 143
Perspektivwechsel 132
Product Backlog Refinement 187
Product Owner 162, 177, 179, 187, 188
Produktfinanzierung 198
Produktfokus 79
Projektfinanzierung 198
Psychologische Sicherheit 26, 169

Q

Qualität 204, 206
Qualitative Analyse 56
Quantitative Analyse 56

R

Reaktionsfähige Organisation 35
Refinement 116
Reifegrad der Teams 149, 152, 169, 170, 187
Reorganisation 23, 82, 92
Rituale 132, 135, 139
Roadmapping 166
ROI-Bewertung 56
Rollen 155
Routinen 132, 135, 139

S

SAFe®-Framework 82, 197
Schritt-für-Schritt-Plan 4, 31
Scrum 12, 22, 114

Scrum-Framework auf Teamebene 188
Scrum Master 33, 35, 91, 139, 145, 162
Scrum-Team 114, 115, 188
Seitensteuerung 161
Seitenwind 161
Selbstorganisation 11, 12, 132, 146, 170, 185, 186, 187, 189
Selbstorganisierte Teams 22
Servant Leadership 19, 160, 165, 171
Sicherheit 31, 152, 165, 204
Sinnstiftung 132
Skizze der Transformation 69, 71, 83, 134, 140, 161
    Aktionsplan 72
    Inspiration 70
    Kommunikation 140
    nach Kundengruppen 77
Spark-Methode 83
Spätindikatoren 123
Spotify 82
Sprint-Länge 115
Sprint Planning 117
Sprint-Retrospektive 117
Sprint-Review 116, 187
Sprint-Rhythmus 115, 187
Sprint-Wechsel 116
Sprint-Ziel 190
Steuerungssystem 132, 134
Strategievalidierung 178
Strategische Agilität 174
Strategische Beweglichkeit 182
Strategische Steuerung 173, 175, 177, 179, 181, 183
Strategische Zielsetzungen 178
Strukturelle Veränderung in der gesamten Organisation 22

Struktur- und Kulturveränderung 131, 132
Symbole 132, 135

T

Team als »führende Koalition« 32
Teamfeedback-Sitzungen 151
Teamverantwortung
    Übernahme von 155
Technische Infrastruktur
    flexible 180
Technologie 209
    Neupositionierung in der Organisation 211
think big, start small, scale fast 24
Transformation
    Definition des Umfangs 39
    Durchführung 31, 39
    Ergebnisse 120
    formal verantwortlich 33
    Konstruktionsskizze 69
    Messen des Fortschritts 119, 120
    Skizze 69, 134, 161
Transformationsansatz
    agiler 23
    in acht Schritten 31
Transformations-Canvas 43, 45, 63
Transformations-Owner 33, 40, 114
Transformationspitch 63
Transformationsreise 220
Transformations-Roadmap 25, 97, 117
Transformations-Roadmap in Form einer Verbesserungskata 102
Transformationsteam 32, 76, 135, 160, 195, 197, 205, 206, 211
    Anbindung an die Personalabteilung 148
    ausgewogenes 33

Transformationsteam (Fortsetzung)
    Einfluss 32
    Engagement 113
    Mandat 32
    vorbildliches Verhalten 137
Transformationsumfang
    Workshops zur gemeinsamen Definition 42
Transformationsvision 31, 33
    Analyse der (Ausgangs-)Situation 49
    Umfang 37
Transparenz 101, 132, 189
Treiber, um ins Handeln zu kommen 62

U

Unsicherheit 92
Unsicherheitsfaktoren 22
Unternehmen, Identitätskrise 15
Unternehmensweiter Wandel 25

V

Validierung 210
Value Stream Mapping 73
Veränderung
    Tiefe 94
Veränderungsgeschwindigkeit 86
Veränderungsmodell von John Kotter 32
Veränderungsstrategie 85
    Festlegen der 85
Verankerung 5
Verbesserungskata 99
Verbesserungsteam 34, 135, 200
Vertrauen 132
Vertrauensbildung 110, 150
Vision 159
Visionär 188

W

Waveplanning *siehe Wellenplanung*
Wellenplanung 88, 91
Wertschätzung 166
Wertschöpfender Manager 162
Wissensarbeiter 17
Wohlergehen der Mitarbeiter 156
WSJF (Weighted Shortest Job First) 197

Z

Zeit für Zusammenarbeit 116
Zielzustand 100
Zusammenarbeit 11, 20, 143, 148, 149, 151, 206